1・2 與大手提袋同一系列的
小包包。
3 具有立體感視覺享受的圖案
＝建築物密集的都會。基於使用
上的考量，所以作成較大尺寸。

1 ●作法：第54頁
設計／今井和子
13cm×27cm×8cm

2 ●作法：第54頁
設計／今井和子
13cm×27cm×8cm

3 ●作法：第55頁
設計／今井和子
33.5cm×41cm×20cm

3

4 ●作法：第57頁
設計／田中由美子
12cm×14cm×7cm

5 ●作法：第56頁
設計／田中由美子
21cm×28cm×8cm

4 和手提袋同系列的化粧包，搭配使用，更顯出整體感。

5 在圖案中加上圓形的貼布縫，表現出活潑的氣息。雖然體積稍小，卻具有優雅和實用的功能。

5

6 長方形和半圓形組合成，具
個性的手提袋。
7 是組合的應用。改變一下右
上的圖案方向，整個袋子即生動
不少。

6 ●作法：第53頁
設計／升井紀子
23cm×24cm×3.5cm

7 ●作法：第58頁
設計／升井紀子
24cm×24cm×6cm

外出方便，討人喜歡的手提袋

外出時選用的手提袋以愉快、舒適為原則。可配合當日的心情使用。

8　是方便外出購物的手提袋。矮牆內開著的早春的番紅花是以貼布縫作成的。袋內附有繫帶，方便袋內物品收納之用。

9　B4 紙張大小的簡便手提袋。漂亮俐落的外型，也很適合粉領階級使用。本款袋子內有使用便利的側袋。

10　搭配的化粧包。

8

8 ●作法：第 60 頁
設計 / 服部真由美
製作 / 島崎嘉代子
30cm×25.5cm×直徑 25.5cm

9 ●作法：第 62 頁
設計 / 藤田和世
27.5cm×38.5cm×5cm

10 ●作法：第 63 頁
設計 / 藤田和世
15cm×17cm×4cm

9

11 ●作法：第61頁
設計／石塚始子
39cm×36cm×6cm

12 ●作法：第64頁
設計／川上成子
30cm×30cm×10cm

11

11　日常生活中不可或缺的背
包，脇邊的拉鏈以及袋口的母子
釦，讓您使用起來得心應手！
以片片菱形所組合成的花樣，用
明暗度的差異造成視覺效果。

12 以直條花樣作的時麾袋子。雖具有東洋風味，但外型卻適合各種場合使用。搭配藤質提手強調其輕快感，若用相同布料作提手也是非常漂亮的。

12

13 具鄉村風格的背包。以蕾絲花邊來強調其可愛，是深受年輕人喜愛的款式。若小孩用背包可將四周縮小一些。

14 在每1組圖樣中加上刺繡；底部及提手都以藍色布作，清楚的表現出平實感。由於開口爲拉繩式的，上學、外出使用都非常方便。

13 ●作法：第65頁
設計／肥後惠
38.5cm×直徑24cmm

14 ●作法：第75頁
設計／肥後惠
26cm×31cm×14cm

14

兼具流行復古的手提袋

本作品為一融入東洋風味，兼具現代美感的作品。

15 ●作法：第66頁
設計／小島明美
18.5cm×15cm×15cm

16 ●作法：第66頁
設計／小島明美
18.5cm×15cm×15cm

17 ●作法：第74頁
設計／小島明美
25cm×25cm×15cm

18 ●作法：第74頁
設計／小島明美
25cm×25cm×15cm

15

16

15 獨特的配色組合具有新鮮感的袋子。無論任何場合都能讓人愉快地攜帶。

16 是墨黑色和朱紅色搭配成的時麾袋子。特別推薦給您，在參加宴會時攜帶。

17 附有竹籠的袋子，具有相當的魅力，就連年輕人也無法抵抗想要擁有它。

18 使用條紋花樣布作成的袋子。對於牛仔裝扮也是很好搭配的絕品。

17

18

19 ●作法：第70頁
設計／服部真由美
製作／多田博子
22.5cm×21cm

20 ●作法：第73頁
設計／服部真由美
20.5cm×20cm

21 ●作法：第71頁
設計／服部真由美
製作／大塚登美子
25cm×21cm

22 ●作法：第72頁
設計／服部真由美
20.5cm×20cm

21

22

23 ●作法：第 68 頁
設計 / 前田澄子
24.5cm×28cm×10cm

24 ●作法：第 69 頁
設計 / 小島明美
25cm×33cm×16.5cm

23

23 條紋布組合而成的藤編式袋
子。視條紋花樣的顏色和寬度作
改變。提手是選用質地較厚的布
作壓線縫。提手的蝴蝶結是可調
整長度的。

24 竹製提手，是很具東洋風味
的作品，是一款「有媽媽的味
道」的懷舊手提袋。特別在底部
裝入３層厚紙板以保持形狀的安
定。

24

材料

表布／酒袋布　深褐色、紅褐色。染布－栗色、深褐色各 90cm×40cm。　土台布 60cm×120cm　裏布／白純棉布 60cm×120cm。　側襠／酒袋布－深褐色(含表布)。雙面接著襯 45cm×110cm。米色刺繡線適量。木棒直徑 1.8cm×長 36cm2 支。

成品尺寸

高 46cm×寬 36cm×襠 8cm

作法

● 於土台布上先用筆設計好圖形。將紙型翻面置於兩面接著襯上，描好圖後裁剪下來。

● 以熨斗先將兩面接著襯的一面熨燙黏著於表布上接在一起後裁剪表布（①的周邊留 1cm）。②～⑧的小片依紙型上所示的↔布紋的方向，多

● 留穗子的分量後裁剪，依順序以熨斗燙接在一起。

● 作穗子時先以刺繡線作平針繡，袋子脇邊的穗子夾在表布和裏布之間作縫合。將側襠和本體作接合。

● 提手的布折返縫合，將木棒穿入。穗子部分是將橫線抽出作成穗子。

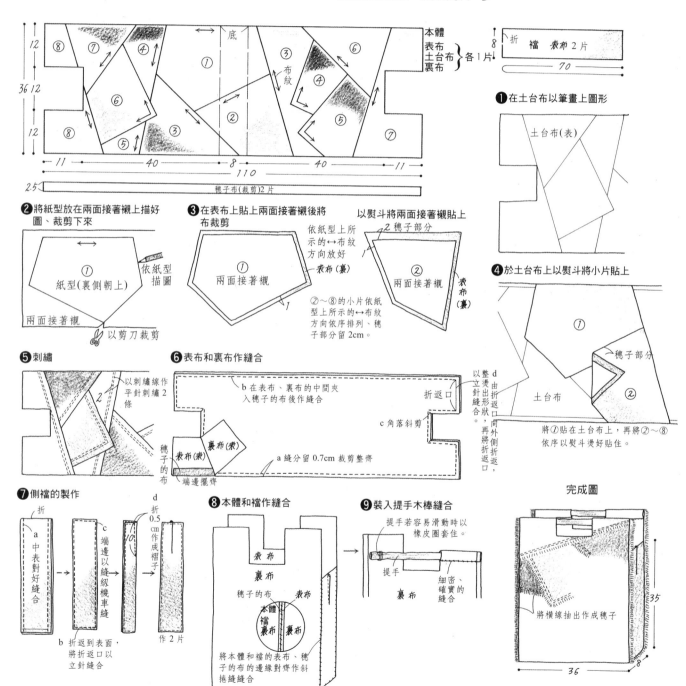

★本書所使用的小塊布尺寸表請參考第 45 頁。

26

●彩色第22頁作品

材料

表布／酒袋布─紅褐色、染布─栗色、深褐色、紅褐色各適量。土台布、裏布、刺繡線和作品25相同各適量。滾邊條和袋絆使用染布。20cm長拉鏈1條。

成品尺寸

高14.7cm×寬14.7cm

作法

●雖然是以作品25為準，但縫分都是0.7cm，而且也不使用接著襯。
●將袋絆夾著，縫上滾邊條後縫拉鏈。

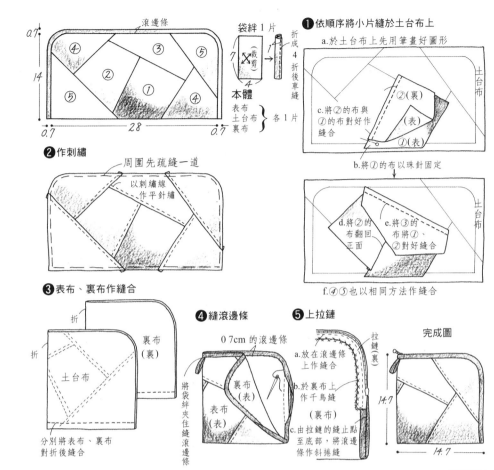

❶ 依順序將小片縫於土台布上
a.於土台布上先用筆畫好圖形
c.將②的布與①的布對好作縫合
b.將①的布以珠針固定
d.將②的布翻回正面
e.將③的布將①、②對好縫合
f.④⑤也以相同方法作縫合

❷ 作刺繡
周圍先疏縫一道
以刺繡線作平針繡

❸ 表布、裏布作縫合
折
折
裏布（裏）
土台布
分別將表布、裏布對折後縫合
將袋絆夾住縫滾邊條

❹ 縫滾邊條
0 7cm的滾邊條
裏布（表）
表布（表）

❺ 上拉鏈
拉鏈（裏）
a.放在滾邊條上作縫合
b.於裏布上作千鳥縫（裏布）
c.由拉鏈的縫止點至底部，將滾邊條作斜捲縫
14.7

完成圖
14.7

接第28頁

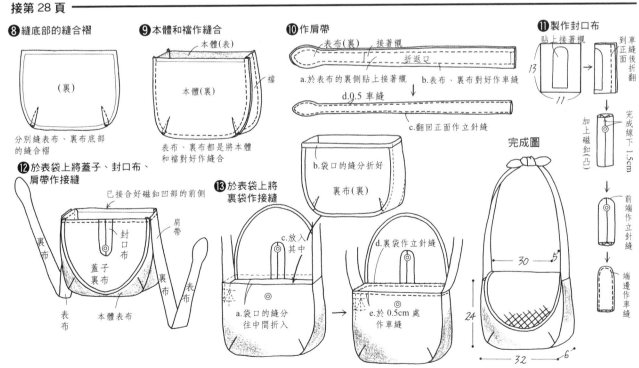

❽ 縫底部的縫合褶
（裏）
分別縫表布、裏布底部的縫合褶

❾ 本體和襠作縫合
本體（表）
本體（裏）
襠
表布、裏布都是將本體和襠對好作縫合

❿ 作肩帶
表布（裏）　接著襯
折返口
a.於表布的裏側貼上接著襯
b.表布、裏布對好作車縫
d.0.5 車縫
c.翻回正面作立針縫

⓫ 製作封口布
貼上接著襯
到車縫後折翻正面
13
11
加上磁釦（凸）
完成線下1.5cm
前端作立針縫
端邊作車縫

⓬ 於表袋上將蓋子、封口布、肩帶作接縫
已接合好磁釦凹部的前側
肩帶
封口布
裏布
蓋子裏布
表布
本體表布
裏布
表布

⓭ 於表袋上將裏袋作接縫
b.袋口的縫分折好
裏布（裏）
c.放入其中
d.裏袋作立針縫
a.袋口的縫分往中間折入
e.於0.5cm處作車縫

完成圖
30　5
24
32　6

以使用容易爲設計重點的手提袋

即使是重視機能性的手提袋，也能作出獨創一格的作品。

25 ●作法：第20頁
設計／小山典子
35cm×36cm×8cm

26 ●作法：第21頁
設計／小山典子
14.7cm×14.7cm

27 ●作法：第24頁
設計／後藤紀代子
32cm×25cm×15cm

28 ●作法：第25頁
設計／後藤紀代子
32cm×25cm×15cm

25 以褐色系爲主的拼布，加上穗子及刺繡。以木棒作提手，是相當好玩的設計。由於有檔的關係，所以容量更大。
26 配對的小包包。搭配同款布作的滾邊條和袋絆更顯高雅。

27 以菱形的小片作成的菱形圖樣。再以變化線作刺繡，讓人覺得粗獷感的手提袋。

28 多加蓋子和提手，外袋則可自行縫上可愛的裝飾物。

27

28

●彩色第 23 頁作品／紙型 A 面

材料

表布／純棉布―深草綠 108cm×50cm（含封口布、底部、肩帶）、深藍色、紫紅色、紫色，古布―深褐色、紅灰色、古印花布、紅灰色各 1 片。裏布／100cm×70cm。鋪棉 105cm×100cm。圈環 10 個。藍色系的變色線適量。各種裝飾珠子適量、穿珠子用裝飾帶 40cm。

成品尺寸

高 32cm×橫 25cm×寬 15cm

作法

● 拼布部分的縫分是 0.7cm、裏布的脇邊側的縫分 2cm，其他的縫分則留 1cm 作裁剪。本體布 1 片不作裁剪時，以口袋將隱藏的部分縫入。

● 本體依 a～e 的順序製作，袋口作內折返縫之前先開好圈環的洞。

● 參照圖作口袋、底部，再將本體和口袋重疊再和底部作縫合。將口袋的兩側和前後固定於本體上，再在前面中央裝飾珠子。最後縫上肩帶、袋口裝飾帶、裝飾帶環結即完成。

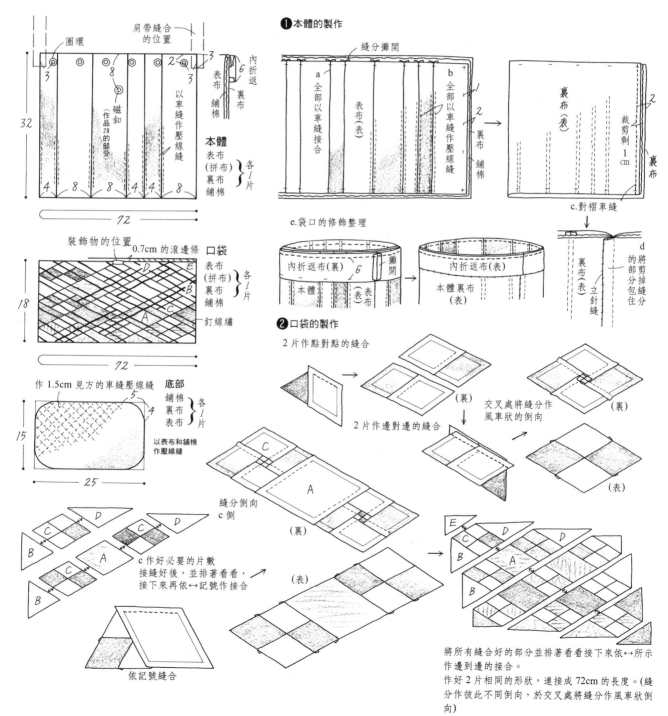

28

●彩色第23頁作品／紙型A面

材料

表布／純棉布一紅色 108cm×50cm（含封口布‧底部‧肩帶‧蓋子、袋口的滾邊條）。紅紫、灰色 古布一紅灰 古印花布一柿紅色、紫色。古條紋布、鮮紅色各一片。裏布／100cm×70cm。暖色系的變色線適量。磁釦1組。其他和作品27相同。

成品尺寸

高 32cm×橫 25cm×寬 15cm

作法

●與作品27相同要領製作，只多加了蓋子。

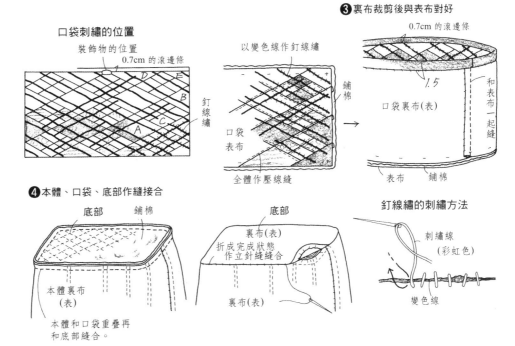

口袋刺繡的位置
裝飾物的位置
0.7cm 的滾邊條
釘線繡
全體作壓線縫
口袋表布

以變色線作釘線繡
鋪棉
口袋表布

❸裏布裁剪後與表布對好
0.7cm 的滾邊條
1.5
和表布一起縫
口袋裏布(表)
表布 鋪棉

❹本體、口袋、底部作縫接合
底部 鋪棉
本體裏布(表)
本體和口袋重疊再和底部縫合。

底部
裏布(表)
折成完成狀態
作立針縫縫合
裏布(表)

釘線繡的刺繡方法
刺繡線(彩虹色)
變色線

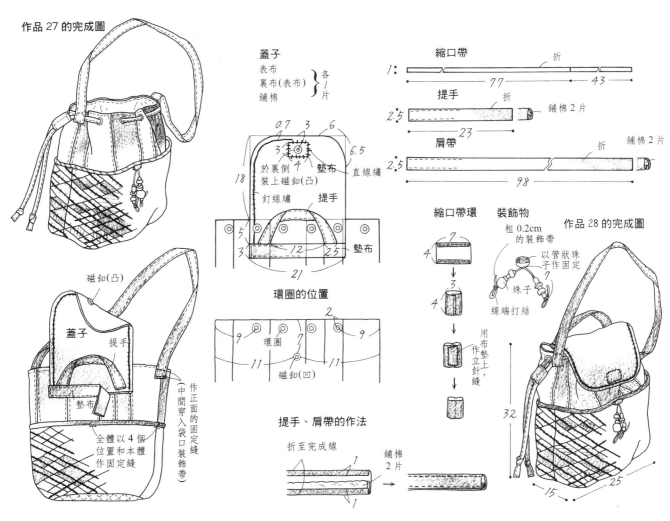

作品27的完成圖

磁釦(凸)
蓋子
提手
墊布
全體以4個位置和本體作固定縫
(中間穿入袋口裝飾帶)
作正面的固定縫

蓋子
表布
裏布(表布) }各1片
鋪棉

0.7 3 6
3 4 6.5
於裏側裝上磁釦(凸)
直線繡
釘線繡 提手
18
5
3 12 2.5 墊布
21

環圈的位置
2
9 環圈 7 9
11 磁釦(凹) 11

提手、肩帶的作法
折至完成線
鋪棉2片

縮口帶 折
1: 77 43
提手 折 鋪棉2片
2.5 23
肩帶 折 鋪棉2片
2.5 98

縮口帶環 裝飾物
7
4
3
4
用布作立針縫

粗0.2cm的裝飾帶
以管狀珠子作固定
珠子
線端打結

作品28的完成圖
32
15 25

29 ●作法：第28頁
設計／前田澄子
24cm×32cm×6cm

30 ●作法：第29頁
設計／藤田和世
25cm×32cm×4cm

29 稍稍大些的側揹包，適合於
女性上班族使用。設計的尺寸恰
好可放入記事本或各種的必需
品。容量大、輕便的設計，讓您
可以天天使用。

29

30 前側袋是以拼布點綴，是很漂亮的側揹包。本體使用傢飾布，使袋子不易變形。
側揹的帶子若使用與本體相同的布時，則可用車縫拼布的方法製作。

30

●彩色第26頁作品／紙型B面

材料

表布／酒袋布一深褐色 92cm×60cm。 藤編拼布用布／古條紋布 枯葉色 108cm×80cm（含裏布、肩帶）。深藍色 108cm×80cm（含滾邊條布、裏布）。素色古布一深褐色 30cm×50cm。接著鋪棉（薄）35cm×30cm（藤綿拼布土台布）。鋪棉（厚）80cm×40cm（本體表、襠布表）。接著襯（厚）80cm×50cm（本體裏・襠布裏布、肩帶、內口袋、封口布）。磁釦1組。

成品尺寸

高24cm×橫32cm×襠6cm

作法

●作藤編式的帶子，於接著鋪棉的接著面上畫完成線和引導線，以熨斗接合成90度角的藤編花樣。

●裁剪寬 4cm×長 70cm 的條紋布條，作蓋子的邊緣。

●本體表布和提手作車縫的壓線縫。

●本體的接縫方法、肩帶、完成方法請參照第21頁。

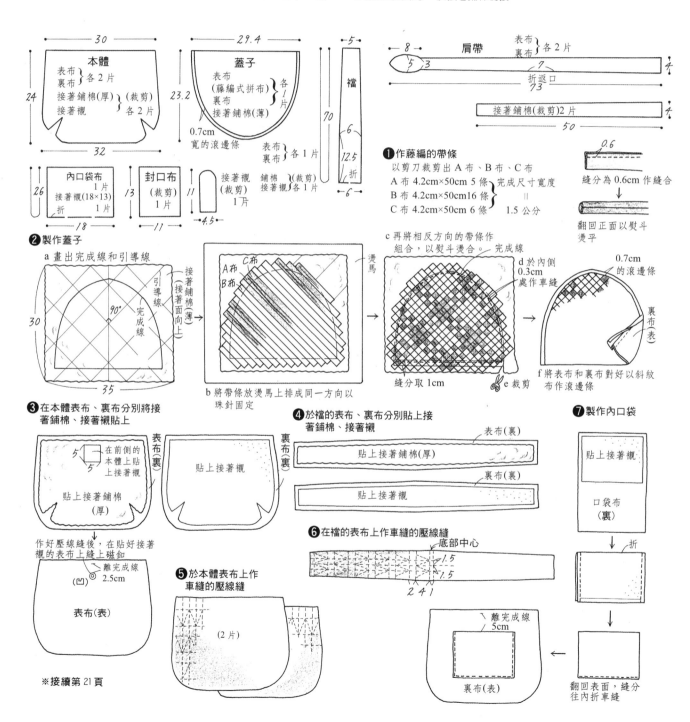

❶作藤編的帶條
以剪刀裁剪出A布、B布、C布
A 布 4.2cm×50cm 5 條
B 布 4.2cm×50cm16 條
C 布 4.2cm×50cm 6 條
完成尺寸寬度 1.5 公分
縫分為 0.6cm 作縫合
翻回正面以熨斗燙平

❷製作蓋子
a 畫出完成線和引導線
b 將帶條放燙馬上排成同一方向以珠針固定
c 再將相反方向的帶條作組合，以熨斗燙合。完成線
d 於內側 0.3cm 處作車縫
縫分取 1cm
e 裁剪
f 將表布和裏布對好以斜紋布作滾邊條

❸在本體表布、裏布分別將接著鋪棉、接著襯貼上
作好壓線縫後，在貼好接著襯的表布上縫上磁釦

❹於襠的表布、裏布分別貼上接著鋪棉、接著襯

❺於本體表布上作車縫的壓線縫

❻在襠的表布上作車縫的壓線縫
底部中心

❼製作內口袋
翻回表面，縫分往內折車縫

※接續第21頁

●彩色第 27 頁作品／紙型 B 面

材料

表布／酒袋布一深褐色 92cm×60cm。 拼布／古印花布一柿紅色、紅灰色、藍黑色,古布一棕色、棗紅色、灰綠色 古印花布一淡茶色、深褐色(含裏布) 純棉布一紅紫色、灰綠色、淡茶色、黑色、栗色〈滾邊布〉各1片。 裏布／古印花布一深褐色 108cm×70cm。30cm長拉鏈1條。接著鋪棉 40cm×80cm。直徑 0.3cm的帶子 85cm。皮的肩帶1組。

成品尺寸

高 25cm×橫 32cm底、襠 4cm

作法

●前面袋蓋子作拼布和壓線縫。周圍都縫上滾邊條,裏側則縫上裏布。

●接著製作本體。本體縫分留 1cm,前側袋口因為要內折,縫分留3cm。表布的裏側以熨斗貼上接著鋪棉,依③～⑧的縫合順序完成作品。

●拉鏈的縫合方法請參照第 52 頁。

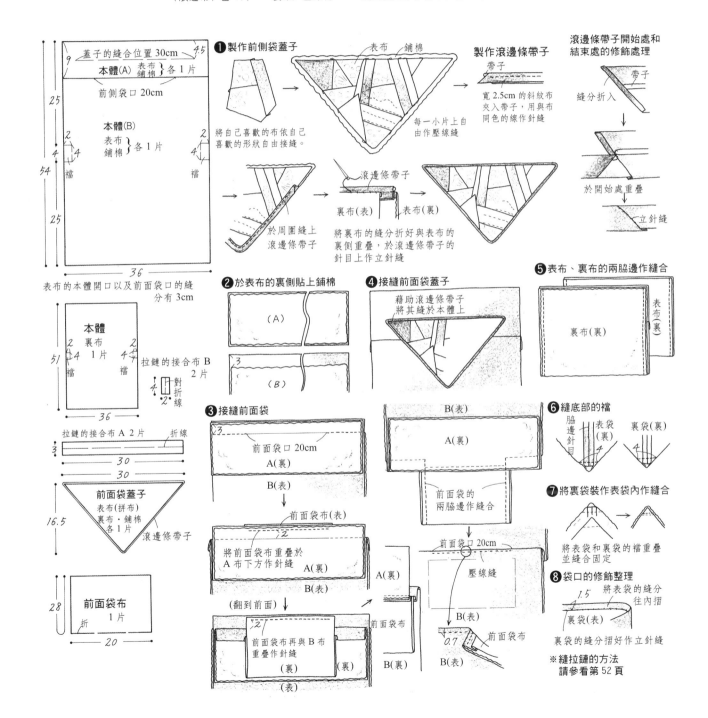

31 將蜂巢花樣作斜線的配置，
是活用酒袋布和古布風味的手提
袋。
32 配對的小包包。單獨使用也
非常可愛。

31

32

31 ●作法第 76 頁
設計 / 田中由美子
29cm×32cm×8cm

32 ●作法第 77 頁
設計 / 田中由美子
25.5cm×19cmm

33

33 ●作法第 32 頁
設計 / 服部真由美
24.5cm×24cm×12.5cm

33 單面有拼布花樣的側揹包包。雖然具日本風味，但細細的揹帶卻適合牛仔裝扮。

●彩色第 31 頁作品／紙型 A 面

材料

拼布用布／純棉布一紅黑色、茶綠色、金黃色、米白色。 古印花布一柿紅色、深褐色、淡茶色。古條紋布一鮮紅、茶色，古布一亞麻色各適量。本體後側·底側襠布·揹帶／純棉布一紅黑色 108cm×40cm(含拼用布)。裏布·繫帶·滾邊條布／古

條紋布紅色 108cm×50cm(含拼布用布)。鋪棉 125cm×55cm。直徑 0.2cm 的滾邊用帶子 200cm。

成品尺寸

高 24.5cm×橫 24cm×襠 12.5cm

作法

●前側的表布以紙襯的方法接合成四角型後，取下紙襯作壓線縫。依袋

形作車縫，留下縫分 1cm 作裁剪。

●接縫本體和襠布，依照圖 4 於袋口將滾邊布、揹帶和繫帶作接縫。

●縫合內袋，並和外袋重疊對好，於滾邊條處作立針縫，最後袋口以星止縫固定。

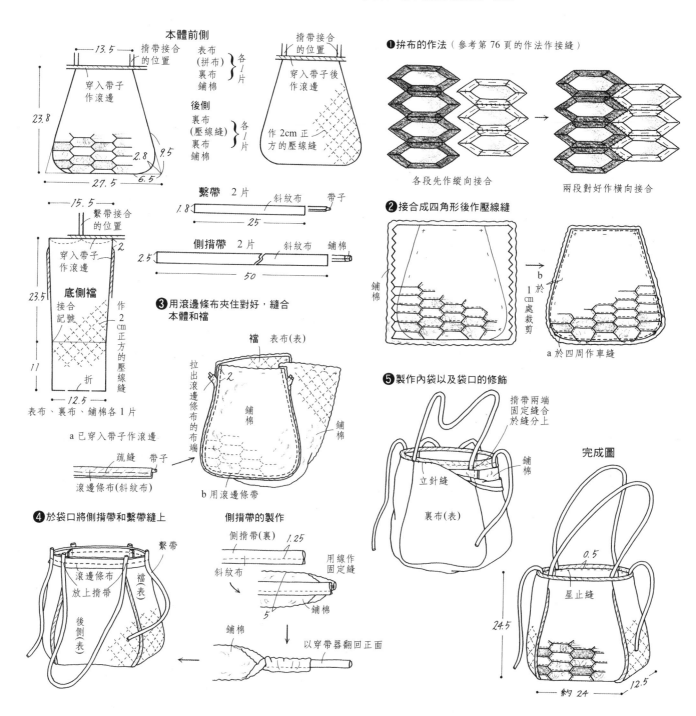

●本體前側
揹帶接合的位置
表布(拼布)
裏布
鋪棉 }各1片
後側
裏布(壓線縫)
裏布
鋪棉 }各1片

穿入帶子作滾邊
13.5
23.8
2.8
9.5
27.5
6.5

揹帶接合的位置
穿入帶子後作滾邊
作 2cm 正方的壓線縫

繫帶 2片 斜紋布 帶子
1.8
25

側揹帶 2片 斜紋布 鋪棉
2.5
50

繫帶接合的位置
穿入帶子作滾邊
15.5
2

底側襠
接合記號
作 2cm 正方的壓線縫
折
23.5
11
12.5
表布、裏布、鋪棉各 1 片

a 已穿入帶子作滾邊
疏縫 帶子
滾邊條布(斜紋布)

❶拼布的作法(參考第 76 頁的作法作接縫)
各段先作縱向接合
兩段對好作橫向接合

❷接合成四角形後作壓線縫
鋪棉
鋪棉
a 於四周作車縫
b 於 1cm 處裁剪

❸用滾邊條布夾住對好，縫合本體和襠
襠 表布(表)
拉出滾邊條布的布端
鋪棉
鋪棉
2
b 用滾邊條帶

❺製作內袋以及袋口的修飾
揹帶兩端固定縫合於縫分上
立針縫
鋪棉
裏布(表)

完成圖
鋪棉
0.5
星止縫
24.5
約 24
12.5

❹於袋口將側揹帶和繫帶縫上
繫帶
滾邊條布
放上揹帶
襠(表)
後側(表)

側揹帶的製作
側揹帶(裏)
1.25
斜紋布
用線作固定縫
鋪棉
5
鋪棉
以穿帶器翻回正面

●彩色第34頁作品／紙型B面

材料
表布／純棉布─紅黑色、金黃色、灰綠色 古印花布一紫色。襠、底、拉鏈接合布／純棉布─墨色108cm×40cm(含拼布用)。裏布‧內口袋／ 50cm×50cm。墊布／40cm×50cm。鋪棉 50cm×50cm。30cm長的拉鏈1條。竹製提手(內徑12cm)1組。滾邊用帶子130cm。

成品尺寸
高18cm×橫25cm×襠8cm
作法
●作好拼布的部分，和底部縫合，作壓線縫。
●滾邊用帶子縫於❷的周圍，開始和結束兩端則縫入縫分內。
●裏布與表布的正面對好縫合，由翻出口翻回表面後，將翻出口作立針縫。

●拉鏈接合布和襠布，依a～f的要領作修飾整理。
●❷和❸接合時，各個部分對好，本體和底是在滾邊帶布和裏布處，而拉鏈接合布和襠布是在表布側作接縫。

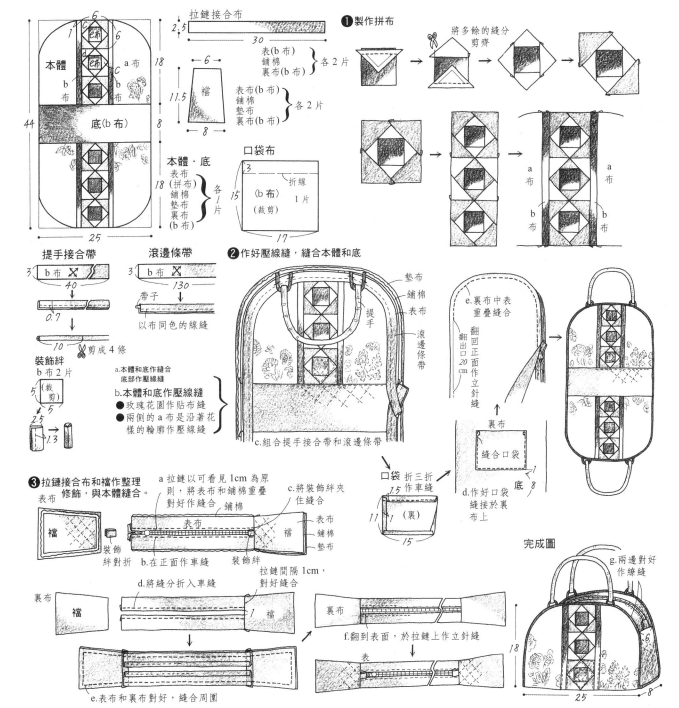

❶ 製作拼布

❷ 作好壓線縫，縫合本體和底

a.本體和底作縫合 底部作壓線縫
b.本體和底作壓線縫
●玫瑰花園作貼布縫
●兩側的a布是沿著花樣的輪廓作壓線縫
c.組合提手接合帶和滾邊條帶

e.裏布中表重疊縫合 翻回正面作立針縫 翻出口20cm

裏布 縫合口袋

d.作好口袋縫接於裏布上

口袋 折三折 1.5 作車縫 11 (裏) 15

底 8

❸ 拉鏈接合布和襠作整理修飾，與本體縫合。

a 拉鏈以可看見1cm為原則，將表布和鋪棉重疊對好作縫合
b.在正面作車縫
c.將裝飾絆夾住縫合
裝飾絆對折

d.將縫分折入車縫
拉鏈間隔1cm，對好縫合

e.表布和裏布對好，縫合周圍

f.翻到表面，於拉鏈上作立針縫

完成圖
g.兩邊對好作線縫

34 ●作法第 33 頁
設計 / 鈴木乃麗子
18cm×25cm×8cm

35 ●作法第 78 頁
設計 / 鈴木乃麗子
21cm×24cm×4cm

34 將玫瑰花園圖案放在中心，
兩側的印花布部分是將花樣的輪
廓作壓線縫，更能清楚地突顯出
布的花樣。搭配東方風味的竹製
提手，再恰當不過。

34

35 以菱形的圖樣作屋瓦的交互排列，爲一極具日本風味的作品。袋口作三角形圖案，袋內則有袋子的蓋環。若以相同的布料作成購物袋，更是絕配。

35

36

●彩色第38頁作品／紙型A面

材料

表布／純棉布—紅黑色1片(含裏布・
□布)、古印花布紫色系 1片。鋪棉
30cm×40cm。20cm 長的拉鏈 1
條。

成品尺寸

高 13cm×橫 20cm×襠 6cm

作法

●製作拼布。首先作橫排的縫合，縫
分倒向花樣側。縱列則將縫分倒向
底側。

●鋪棉重疊上去，於圖樣內側 0.2cm
處作壓線縫，完成後於兩端縫上□
布。

●脇邊縫合前先縫拉鏈。將□布折入
1cm 後，以疏縫縫上拉鏈，再車縫
上 2 道線。

●縫合脇邊。表布、裏布相同步驟縫
好底部的襠後，將兩袋重疊對好作
固定縫。

●修飾裏袋的袋口。

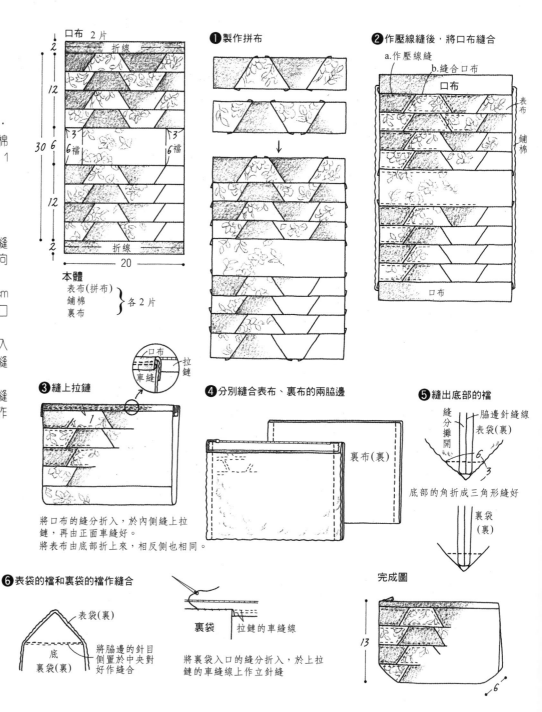

●彩色第38頁作品／紙型A面

材料

表布／純棉布一淡茶色 2 片、紅黑色、銀灰色、淡紅色、紅紫色 古印花布一紅茶色、淺紫色、藍墨色 古布一藍色各 1 片。裏布／80cm×60cm。鋪棉 80cm×60cm。寬 3cm 的深褐色棉背包帶 260cm。D形環‧鉤環各 2 個。55cm 長的拉鏈 1 條(附拉環 2 個)。

成品尺寸

高 36cm×橫 35cm×襠 16cm

作法

●製作拼布。橫列是將縫分倒向花樣側，縱列則將縫分倒向下方。兩端的布也一起疊在鋪棉上，作完疏縫後，中央的拼布部分作壓線縫。共製作 2 片。脇邊縫合之前先將拉鏈和提手縫好。

●表布、裏布縫合成袋狀。表布的上下留下 1.5cm 用 D 形環、鉤環的接合布包夾住縫出襠的部分。裏布也縫出底部的襠，對好後作縫合。

●最後將袋口作修飾整理。

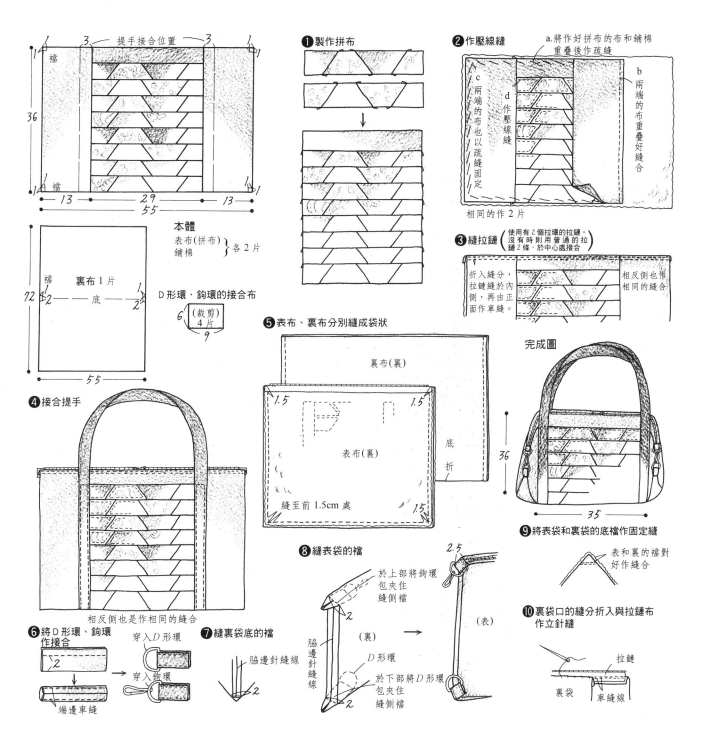

①製作拼布

②作壓線縫
a.將作好拼布的布和鋪棉重疊後作疏縫
b 兩端的布重疊好縫合
c 兩端的布也以疏縫固定
d 作壓線縫
相同的作 2 片

③縫拉鏈 使用有 2 個拉環的拉鏈。沒有時則用普通的拉鏈 2 條，於中心處接合
折入縫分，拉鏈縫於內側，再由正面作車縫
相反側也作相同的縫合

本體
表布(拼布)
鋪棉 　各 2 片

提手接合位置
3　　3
襠　　襠
36
襠　　襠
13　29　13
55

裏布 1 片
襠
72　底
55

D 形環‧鉤環的接合布
6（裁剪）4 片
9

④接合提手

⑤表布、裏布分別縫成袋狀
裏布(裏)
1.5　1.5
表布(裏)
底折
36
縫至前 1.5cm 處
15

完成圖
36
35

相反側也是作相同的縫合

⑥將 D 形環、鉤環作接合
穿入 D 形環
2
穿入鉤環
端邊車縫

⑦縫裏袋底的襠
脇邊針縫線
2

⑧縫表袋的襠
於上部將鉤環包夾住縫側襠
脇邊針縫線
D 形環
於下部將 D 形環包夾住縫側襠
2
2
(裏)
2.5
(表)

⑨將表袋和裏袋的底襠作固定縫
表和裏的襠對好作縫合

⑩裏袋口的縫分折入與拉鏈布作立針縫
拉鏈
裏袋
車縫線

36 和大手提袋搭配的小包包。
37 是平底的拼布手提袋。是裝外出旅行用品的尺寸，所以肩掛的帶子繞於整體一圈，不僅容易提攜而且可確保形狀不會變形。
38 桶型肩掛式手提袋。前側面作雙層，前中心作裝拉鏈的口袋。
39 即使上了年紀的人也會喜愛的背袋。拉鏈作橫式，使用較為方便。

38

39

36 ●作法第 36 頁
設計／川上成子
13cm×20cm×6cm

37 ●作法第 37 頁
設計／川上成子
36cm×55cm

38 ●作法第 40 頁
設計／今井和子
34cm×30cm×9cm

39 ●作法第 79 頁
設計／新井田菊枝
32.5cm×24cm×14cm

材料
表布／古素布─深褐色 118cm×100cm 古條紋布─淡茶色、茶色各 108cm×35cm。純棉布─紫色、紅褐色各 108cm×50cm。 裏布／80cm×75cm〈本體、前中心口袋、內口袋〉。鋪棉─100cm×60cm、30cm長的拉鏈1條。

成品尺寸
高 30cm×底 30cm×9cm

作法
● 將鋪棉和裏布先重疊擺好。裁好的 5cm寬×35cm長的表布依順序車縫連接為每條寬 3cm。

● 前中心的口袋折疊成箱型摺，於本體的內側重疊以斜紋布滾邊。表側

以寬 1.3cm的滾邊作為修飾，滾邊的裏側以回針縫上拉鏈。

● 底部作壓線縫，與外表對好作接合，再以斜紋布將縫分作滾邊。

● 提手是作3色各2條，中間穿入鋪棉，編成辮子，參照❽以裝飾布於兩端包住作固定縫。

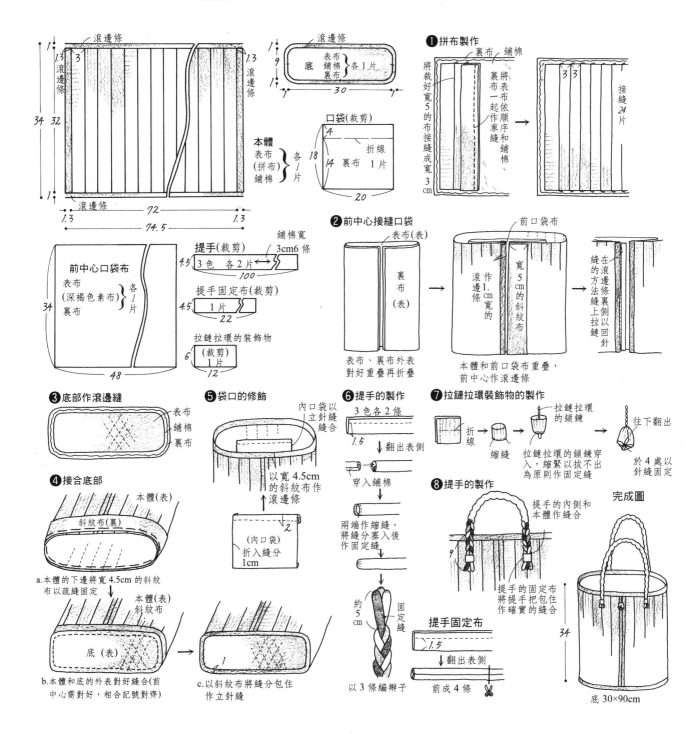

42

●彩色第43頁作品／紙型B面

材料

拼布用／純棉布—淡茶色、褐色、綠
色 古布—藍色各 1 片。裏布／古
布—沙茶色 1 片。墊布・鋪棉各
20cm×40cm。滾邊條／純棉布—褐
色(含 拼 布 用)。接 著 襯
12cm×20cm。直徑 0.5cm 的棉帶
200cm。

成品尺寸

長 12cm×橫 20cm×深 4.7cm

作法

●拼布都作縫分 0.7cm 的裁剪。
●於墊布的正面上，將完成圖向中央
  的折返線描下來。
●向中央折返和鋪棉重疊，再將中心
  布以疏縫固定。和裏側的引導線對
  好，依①～⑳的順序作車縫的壓線
  縫。
●裏布貼上接著襯，和表布重疊。中
  側的 2 處作車縫的壓線縫。
●以寬 3cm 的斜紋布條約 120cm，
  在周圍滾邊。先縫表布側，裏布側
  是將棉帶夾住邊作立針縫縫合。

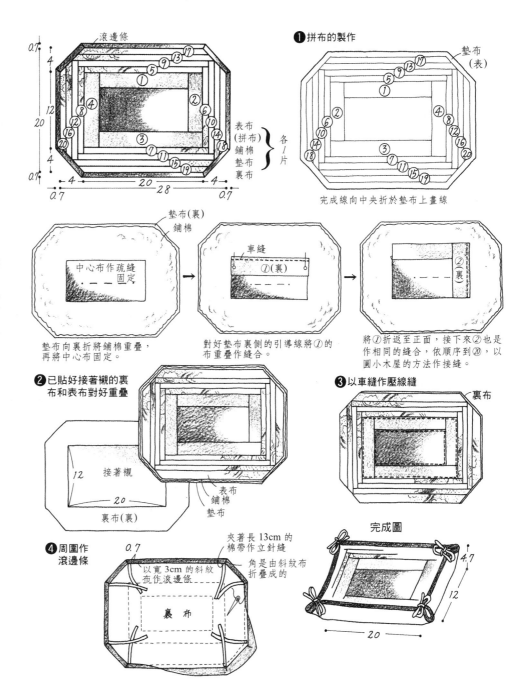

40

41 桌上型的垃圾桶套子。可以配合空罐子的尺寸來作。
42 可放多個搖控器,或裝工作中的工具也很方便。
44 以半星圖樣的半圓小包包。

40 以1個月爲區分的插信式壁掛袋。舉凡孩子的學費袋、雜費支付日等事情,能夠很確實的整理,不會忘記。
43 搭配的迷你袋子。

增添生活情趣，裝小東西的收納袋

作爲室內的裝飾物，是非常方便的小東西。有日本風味、鄉村風味及自己獨創的風格。

40 ●作法第 44 頁
設計 / 小山典子
80cm×約 50cm

41 ●作法第 81 頁
設計 / 小山典子
19cm×直徑 10.5cm

42 ●作法第 41 頁
設計 / 小山典子
12cm×20cm×4 7cm

43 ●作法第 81 頁
設計 / 小山典子
約 21.5cm×約 16.5cm×4cm

44 ●作法第 80 頁
設計 / 今井和子
18cm×28.5cm×5cm

●彩色第42頁作品／紙型B面

材料

口袋・表布／純棉布〈素布〉灰綠色 古布一藍色、金黃色、棗紅色、栗梅色、古印花布濁藍色各2片。數字／米白色 1 片。裏布／深藍色 108cm×75cm。穿棒子用／紅黑色 1 片。台布／110cm×75cm。接著鋪棉 55cm×75cm。接著襯 90cm×75cm

。兩面接著襯 45cm×10cm。直徑 0.5cm的棉帶 100cm。壁軸掛用棒子 50cm2 支。

成品尺寸

高80cm×橫約50cm

作法

●以縫分 0.7cm的口袋作表裏接合的狀態，袋口線依布紋方向作裁剪。

●口袋各作出所必要的數量，在台布①畫上引導線，下面第2片起緊接著縫合。

●在台布②上重疊，口袋往上折，車縫於本體上，上部的拼布也作接縫。兩脇作縫合。已貼好數字的框邊條作接合，最後穿入棒子及緣邊作整理修飾。

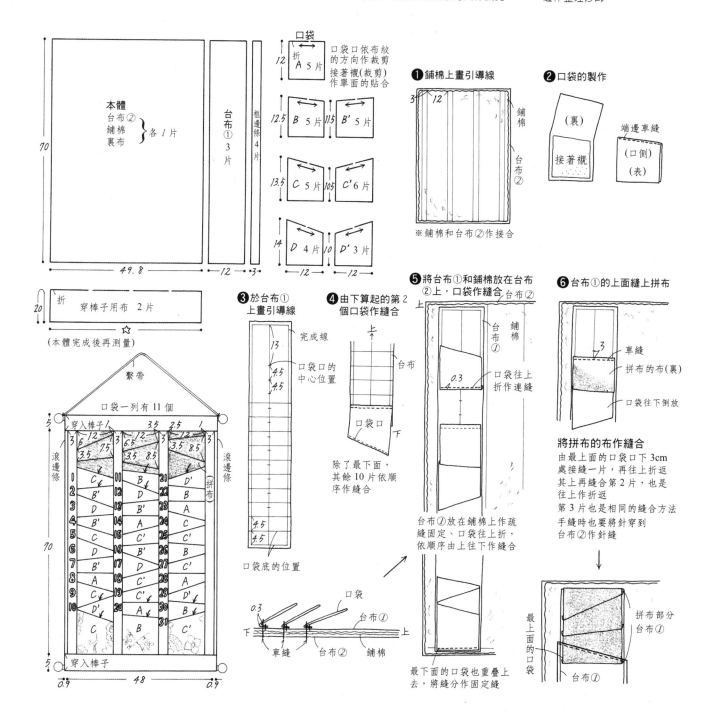

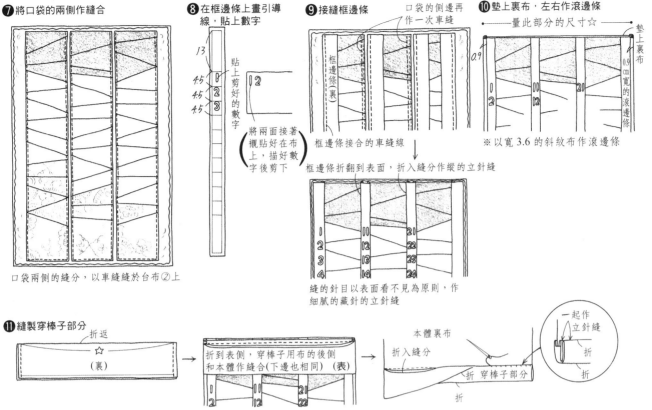

❼ 將口袋的兩側作縫合

口袋兩側的縫分,以車縫縫於台布②上

❽ 在框邊條上畫引導線,貼上數字

13
4.5
4.5
4.5

貼上剪好的數字

將兩面接著襯貼好在布上,描好數字後剪下

❾ 接縫框邊條

口袋的側邊再作一次車縫

框邊條(裏)

框邊條接合的車縫線

框邊條折翻到表面,折入縫分作縱的立針縫

縫的針目以表面看不見為原則,作細膩的藏針的立針縫

❿ 墊上裏布,左右作滾邊條

量此部分的尺寸☆

墊上裏布

0.9

0.9 □寬的滾邊條

※以寬3.6的斜紋布作滾邊條

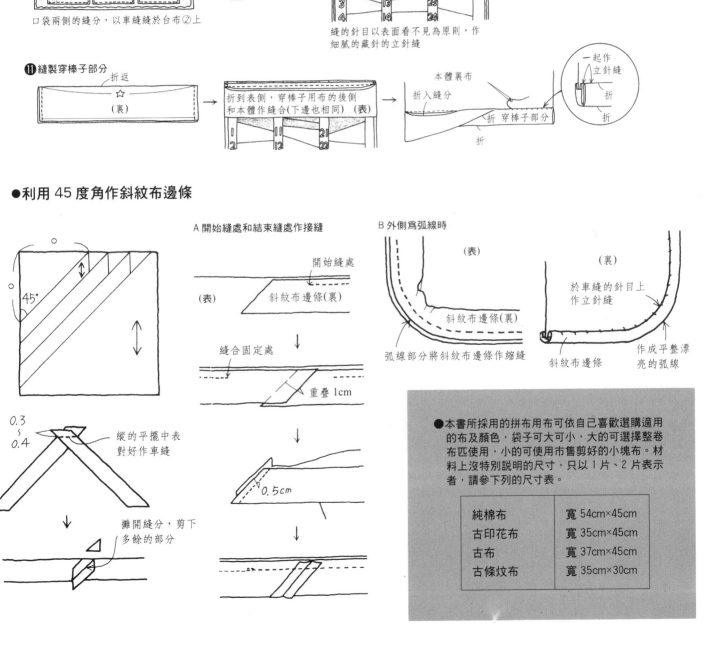

⓫ 縫製穿棒子部分

折返

☆

(裏)

折到表側,穿棒子用布的後側和本體作縫合(下邊也相同)(表)

本體裏布

折入縫分

穿棒子部分

折

折

折

一起作立針縫

● 利用 45 度角作斜紋布邊條

45°

0.3～0.4

縱的平擺中表對好作車縫

攤開縫分,剪下多餘的部分

A 開始縫處和結束縫處作接縫

開始縫處

(表)

斜紋布邊條(裏)

縫合固定處

重疊1cm

0.5cm

B 外側為弧線時

(表)

(裏)

斜紋布邊條(裏)

弧線部分將斜紋布邊條作縮縫

斜紋布邊條

於車縫的針目上作立針縫

作成平整漂亮的弧線

●本書所採用的拼布用布可依自己喜歡選購適用的布及顏色,袋子可大可小,大的可選擇整卷布匹使用,小的可使用市售剪好的小塊布。材料上沒特別說明的尺寸,只以1片、2片表示者,請參下列的尺寸表。

純棉布	寬 54cm×45cm
古印花布	寬 35cm×45cm
古布	寬 37cm×45cm
古條紋布	寬 35cm×30cm

WAFU-MOMEN PATCHWORK BAGS & GOODS

45 以星星圖樣作成的布籃子。
可放麵包和水果，置於餐桌上。
46 布籃子可洗濯是件很快樂的
事，加上小東西作裝飾。
47 不僅可放書、雜誌、報紙，
也可裝零散的玩具和小東西。

45

●彩色第46頁作品／紙型B面

材料

側面・緣邊・裏布・底表裏／純棉布一淺粉紅色 108cm×40cm。拼布用／淺粉紅色(含側面)、米白色、古條紋布一枯葉色、紅色、古印花布一淺粉紅色、褐色各1片。提手／米白色、淺粉紅色。鋪棉50cm×90cm。

成品尺寸

高18cm×橫28cm×深11cm

作法

● 製作側面的拼布。
● 兩脇邊縫合後作壓線縫。
● 底部以長方形布先作好壓線縫再裁剪。
● 側面縫合成輪狀，裏布中表對好縫袋口側，裏布縫成輪狀。
● 側面作4等分，和底部的相合記號中表對好作針縫。
● 於側面上重疊一片鋪棉，折好上來的裏布比袋口側多1cm，往內側折返至縫線上後作壓線縫。
● 最後作內底的修飾整理及接縫提手。

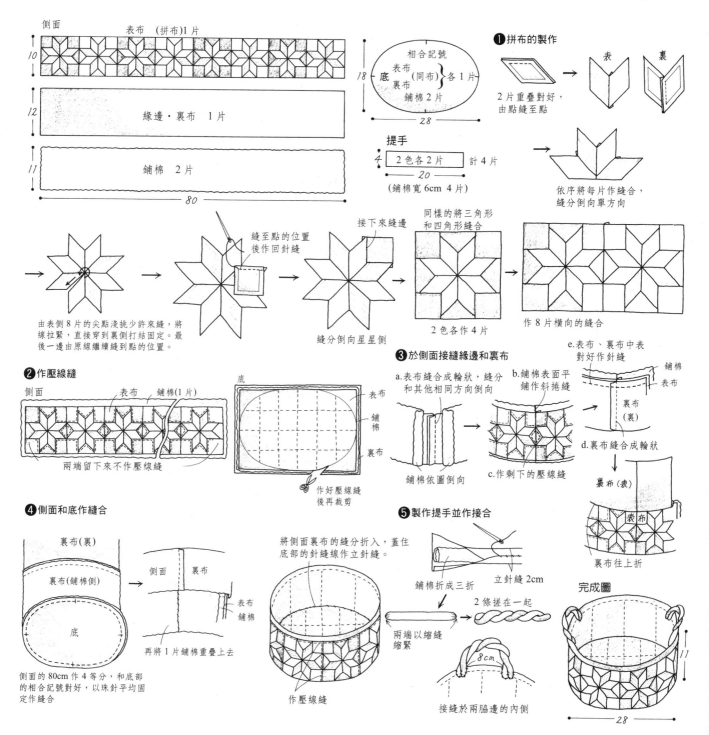

●彩色第 46 頁作品／紙型 B 面

材料

本體／古布一亞麻色 45cm×85cm。滾邊條用，提手／古條紋布一紅色 50cm×50cm。鋪棉 45cm×80cm。裝飾物／純棉布一紅黑色、米白色、淺粉紅色、枯葉色、金黃色、紅色、栗色、茶綠色、沙茶色各適量。段帶 60cm、直徑 1cm 的木鈕子 4 個、直徑 0.5cm 的木珠子 2 個。

成品尺寸

高 19cm×橫 26cm×深 10cm

作法

●側面的表、裏是裁剪相同的布。其間夾著鋪棉，沿著布的花樣作斜的波浪狀的壓線縫。

●底部也和側面相同要領，先在四角形布上作壓線縫後再作裁剪。

●側面作成輪狀後 4 等分作記號，再和底部的相合記號對好參照圖作縫合。

●裁剪寬 4cm 的斜紋布，於籃口側和底作滾邊條。

●作好裝飾物和提手，將提手固定縫於指定的位置，裝飾物綁於側面。

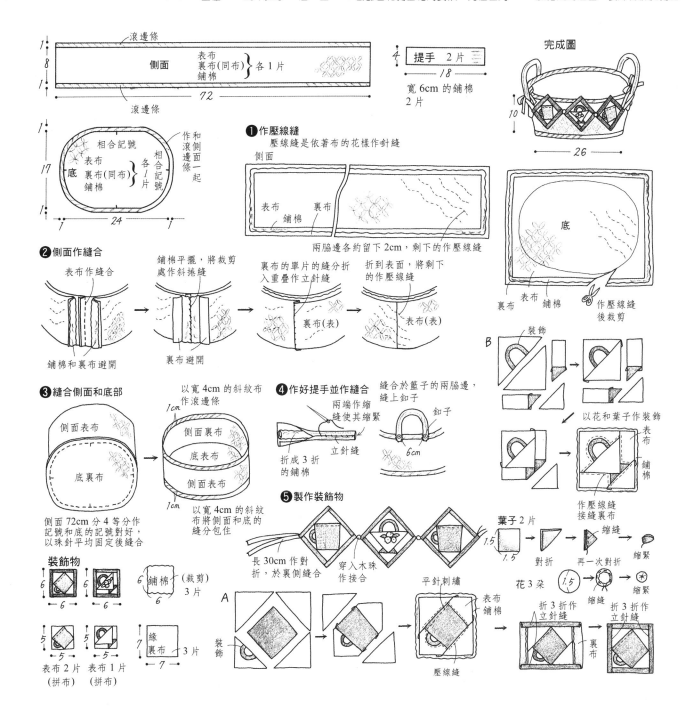

48 · 49 · 50 配合日本和服風味，作出時髦的作品。盒子是用厚紙板作成的，如用成品，則需考慮拼布作品有其厚度，所以需找本體和蓋子尺寸有差別的盒子。

48

49

50

48 ●作法第 51 頁
設計／吉水法子
8cm×13cm×13cm

49 ●作法第 51 頁
設計／吉水法子
8cm×13cm×13cm

50 ●作法第 51 頁
設計／吉水法子
8cm×13cm×13cm

48・49・50

●彩色第50頁作品／紙型B面

材料

盒子／厚度 0.2cm 的厚紙板
50cm×50cm。兩面接著襯適量。鋪
棉55cm×20cm。墊布15cm×15cm。
圖畫用紙40cm×50cm。雙面膠。以
上 3 件作品皆同。〈使用布料各 1
片〉

作品 48…蓋子／表側＝古布―藍
色、紅色、深藍色。內側＝純棉布―
紫色、銀灰色。本體／表＝條紋布―
深藍、紫色。內側＝紅色、紫色。

作品 49…蓋子／表側＝淺粉紅色、
灰綠色、古布―藍色、條紋布―深藍
色。內側＝淺粉紅色、淡茶色。本體
／表側＝淺粉紅色、淡茶色。內側＝
灰綠色、淺粉紅色。

作品 50…蓋子／表側＝紅黑色、金
黃色、古布―藍色。直徑2.3cm的鈕
子1個。內側＝栗色、柿色。本體／
表側＝金黃色、紅黑色。內側＝抹茶
色、條紋布―藍綠色。

成品尺寸

高 13cm×橫 13cm×深 8cm

作法

●3 件作品作法皆相同。

●盒子是以不必留有黏漿糊的部分作
裁剪。用雙面膠黏於表裏側組合成
的。再以相同的要領將鋪棉貼於蓋
子的上部。

●表布(Top)作拼布和壓線縫。蓋子
的側面是將表布和鋪棉以壓線縫，
再和拼完成的表布(Top)作縫合，
使成為盒子的蓋子。

●蓋子依 a、c～e 的順序，貼上內側
的布。

●本體也是用圖畫紙和使用接著襯，
依a～j的順序於側面的外側、內側
和底的表側、內側貼上布。

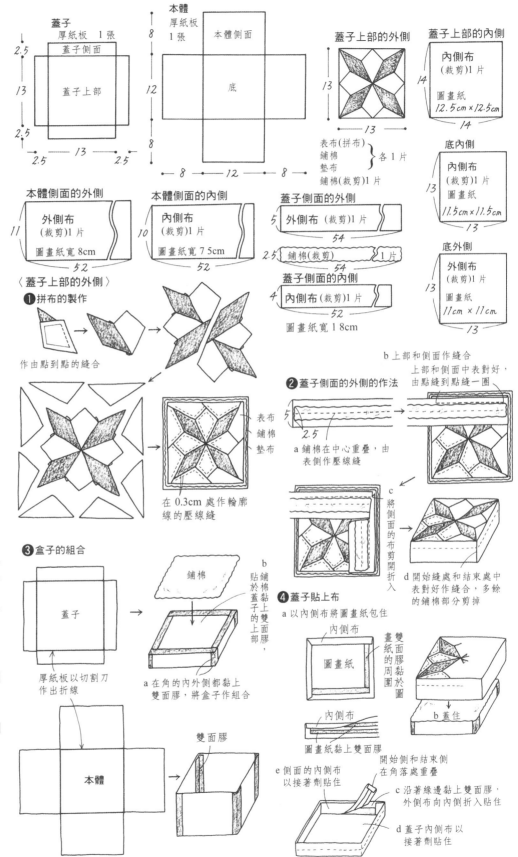

★本書所使用的小塊布尺寸表請參考第45頁。

⑤ 於本體貼上布

a 底以內側布、外側布
分別將圖畫紙包住

圖畫紙

上圖
雙畫
面紙
膠黏

b 側面以內側布包住
圖畫紙

圖畫紙

圖畫紙黏上雙面膠

c 側面以外側布貼上圖畫紙

圖畫紙

圖畫紙黏
上雙面膠

e 沿著緣邊貼上雙面膠

d 開始側和結束側
在角落處重疊

f 折入裏側貼住

g 底部的緣邊貼上
雙面膠

底

角落處要
確實的折
好貼住

i 側面的內側布以
接著劑貼住

開始側和結束側
於角落處重疊

h 底的內側布
以接著劑貼住

j 底的外側布以
接著劑貼住

完成圖

蓋子 13
2.5
本體 8
12

① 心型的製作

剪入

紙型

由中心向左右
作縮縫

紙型

縮縫線縮緊
後作整燙

(表)　(裏)

取下紙型

② 基台的製作

完成圖

表布
鋪棉
墊布
作貼布縫
心型的周圍
作壓線縫

針縫的針目的
邊作壓線縫

① 優優的製作

直徑
15

(裏)

縮縫

重疊1~2針
作針縫

將線拉出，中心縫上釦子，
再於蓋子的中心作固定縫

② 基台的製作

針線的針目
邊作壓線縫

完成圖

在中間將優優作
固定縫

和側面作縫合

30(※接第 29 頁)

⑨ 袋口側縫上拉鏈

A(裏)

拉鏈(表)

4
B

拉鏈(裏)

立針縫

B布也是相同的要領縫於
左右兩側，長度32cm

32
4
1.5

將縫針穿到鋪棉作確實的固定縫

1.5

1.5

拉鏈約距1cm如圖，
相對側也同

完成圖

提手作縫合

25

32
4

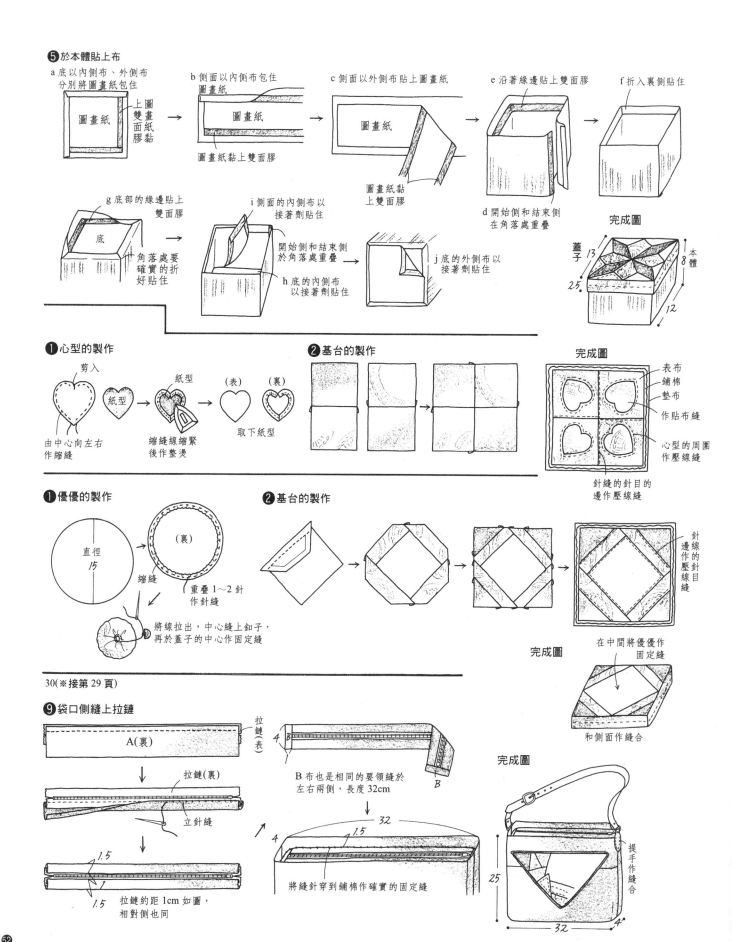

●彩色第6頁作品／紙型A面

材料

表布／古素布―墨色、純棉布―灰綠色、墨色、古印花布―淡茶色、古布―藍色、亞麻色、古條紋布―紅色各1片。裏布·鋪棉／30cm×30cm。底·側襠／黑色的人造皮10cm×70cm。折返·提手接合布／含在表布。黑色的滾邊條帶150cm、強力接著襯30cm×10cm。竹製提手

（內徑12cm）。磁釦1組。

成品尺寸

高23cm×橫24cm×寬3.5cm

作法

●一片(peace)是0.8cm，其他則留下縫分1cm作裁剪。

●長方形、半圓形分別作拼布後，上下作縫合。

●表布、鋪棉、裏布重疊後作壓線縫。縫分留下0.6cm作車縫。

●夾住滾邊條帶接縫底、側襠。再縫上提手的接合布，折返布上縫磁釦，接著襯緊接著的作縫合。最後接縫上提手即完成。

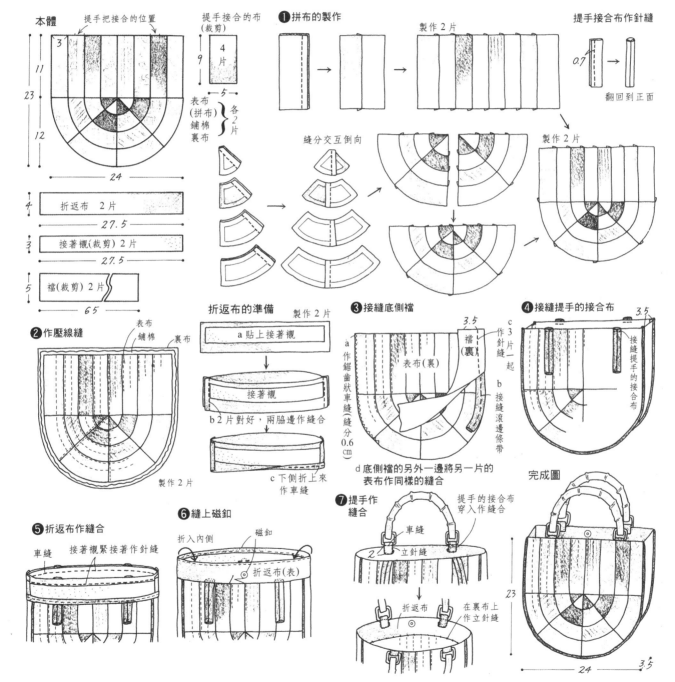

●彩色第 2 頁作品／紙型 A 面

材料(1)
表布／古條紋布―淺紫灰色、深藍色 純棉布／深藍色各 2 片。裏布／ 40cm×35cm。鋪棉 45cm×40cm。 滾邊條布／純棉布―深藍色(含表 布)、30cm 長的拉鏈 1 條。

材料(2)
純棉布深藍色、柿色各 2 片,其餘都

和作品 1 相同。

成品尺寸
高 13cm×橫 27cm×底檔 8cm。

作法
●製作表布的拼布。A～C 的組合各 作 5 條,縫分以熨斗燙開,將布裁 成六角形。剪好必要的紙襯數量, 使用紙襯的方法以繚縫作縫合。利

用光和影的配色作出有立體感的縫 合,整燙後作疏縫,取下紙襯。
●鋪棉對好後作作壓線縫,完成線以線 作記號。
●剪裁斜紋布,作好滾邊條再縫上拉 鏈。
●底檔作接縫後再縫上裏袋。

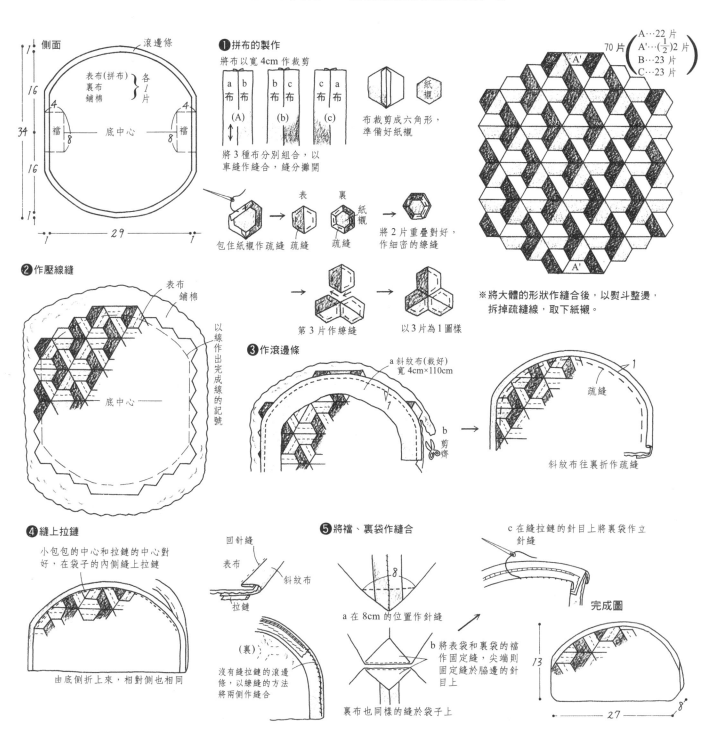

① 拼布的製作

② 作壓線縫

③ 作滾邊條

④ 縫上拉鏈

⑤ 將檔、裏袋作縫合

完成圖

●彩色第3頁作品／紙型A面

材料

表布／古條紋布─深藍色108cm×65cm、淺紫灰色、純棉布─柿色各4片。裏布·提手固定布／40cm×90cm。鋪棉 40cm×90cm。提手·滾邊條布／古條紋布─深藍色（含表布）。

成品尺寸

高33.5cm×橫約40cm×底20cm 四角形。

作法

●和作品1·2相同要領作表布的拼布。以剪好的布作3種類的組合各14條，六角形的柿色和條紋的組合作各70片，條紋布緊鄰的65片和一半的5片分別作裁剪。作出必要的紙襯的數量，使用紙襯的方法利用光和影的配色作出有立體感的

縫合。

●兩端各3cm其餘作壓線縫，表布和鋪棉分別作針縫後，再將剩下的作修飾。

●底部作壓線縫後和本體作縫合

●作好裏袋，放入表袋中。縫好底襠，兩邊在底部的縫分上作固定縫。整理修飾袋口側。提手固定後再縫上固定布。

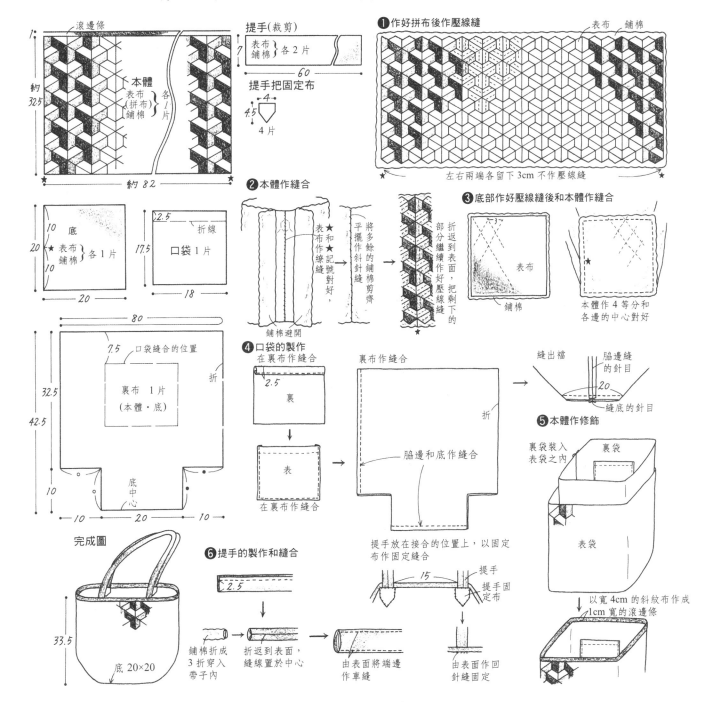

●彩色第5頁作品／紙型A面

材料
表布・貼布縫用布／古布一深藍色、深褐色、金茶色、灰紫色各1片。古素布一枯葉色、深褐色各1片。純棉布一灰色1片。襠・提手／古素布一墨色 118cm×65cm。裏布・滾邊條用斜紋布／古印花布一黑灰色 118cm×65cm。鋪棉、墊布 70cm×50cm。直徑 0.4cm 的帶子160cm。

成品尺寸
高21cm×橫28cm×襠8cm

作法
●表布以拼布製作，再以立針縫作貼布縫
●本體2片和襠作壓線縫。斜紋布 2cm×160cm 穿入帶子作滾邊條。
●穿入的滾邊條和表布作疏縫，和襠中表對好以車縫縫合，作出表袋。
●將折返口縫合作出中袋，提手夾住將袋口作針縫。折返到表面，縫合折返口，袋口側的針縫目上作星止縫。

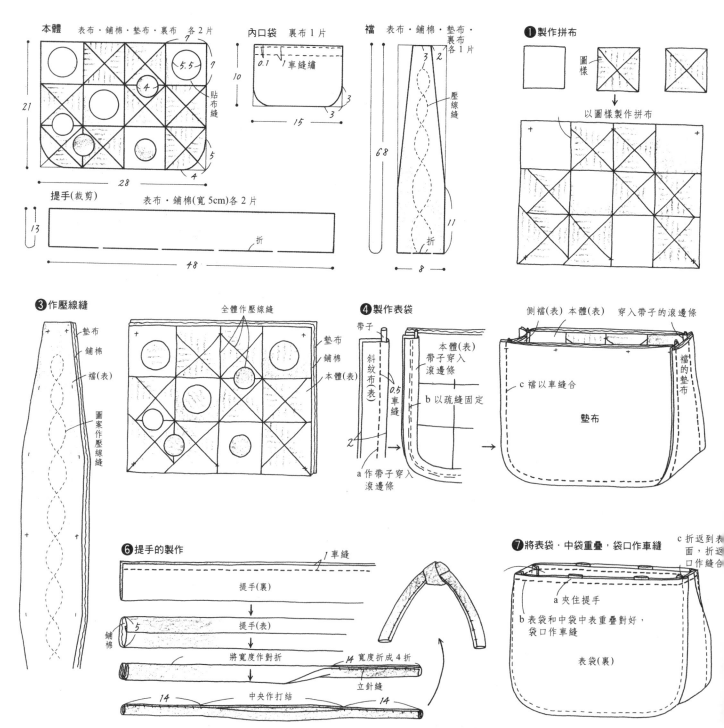

本體 表布・鋪棉・墊布・裏布 各2片

內口袋 裏布1片

襠 表布・鋪棉・墊布・裏布 各1片

❶製作拼布

圖樣

以圖樣製作拼布

提手(裁剪) 表布・鋪棉(寬5cm)各2片

❸作壓線縫

全體作壓線縫

❹製作表袋

❻提手的製作

❼將表袋・中袋重疊，袋口作車縫

●彩色第4頁作品／紙型A面

材料

表布・貼布縫的布・滾邊條・裝飾球的布／古布―深藍色・深褐色・金茶色、灰紫色各1片。古素布―枯茶色、深褐色各1片。純棉布―灰色1片。裏布／古布―墨色1片。鋪棉30cm×35cm。長20cm的拉鏈1條。化纖棉適量。

成品尺寸

高12cm×袋口寬21cm×襠7cm。

作法

● 表布以拼布作修飾，再以立針縫作貼布縫。

● 將表布放在鋪棉和裏布上全體作壓線縫是本體的修飾整理。

● 中表對折，脇邊以車縫縫合。裏布縫分的一邊參照圖作裁剪，以另一邊裏布的縫分包住作斜針縫。

● 袋口以寬4cm的斜紋布作滾邊條，再縫上拉鏈。

● 作好裝飾球，縫於袋口的滾邊條的兩側，於底部作三角襠，以立針縫縫合。

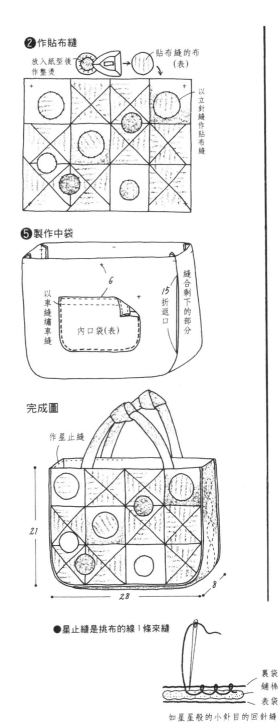

❷作貼布縫

放入紙型後作整燙　　貼布縫的布（表）

以立針縫作貼布縫

❺製作中袋

以車縫繼車縫　　內口袋（表）　6　15 折返口　縫合剩下的部分

完成圖

作星止縫　21　28　8

●星止縫是挑布的線1條來縫

如星星般的小針目的回針縫　裏袋　鋪棉　表袋

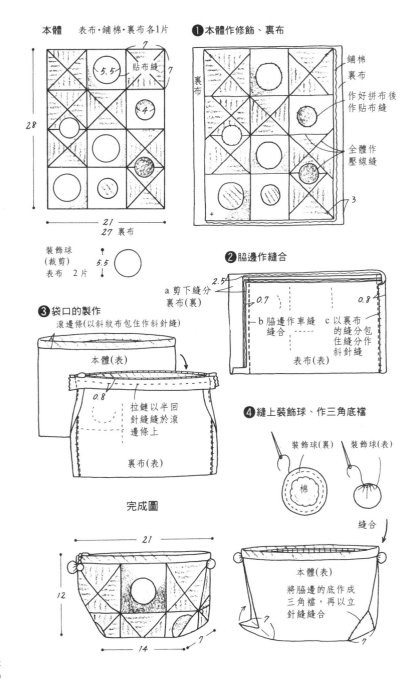

本體　表布・鋪棉・裏布各1片

裏布　28　7　5.5　貼布縫　7　4　21　27 裏布

裝飾球（裁剪）　表布 2片　5.5

❸袋口的製作

滾邊條（以斜紋布包住作斜針縫）

本體（表）　0.8　拉鏈以半回針縫縫於滾邊條上　裏布（表）

完成圖

21　12　14　7

❶本體作修飾、裏布

鋪棉　裏布　作好拼布後作貼布縫　全體作壓線縫　3

❷脇邊作縫合

2.54　a 剪下縫分 裏布（裏）　0.7　b 脇邊作車縫縫合　0.8　c 以裏布的縫分包住縫分作斜針縫　表布（表）

❹縫上裝飾球、作三角底襠

裝飾球（裏）　裝飾球（表）　棉　縫合

本體（表）　將脇邊的底作成三角襠，再以立針縫縫合

●彩色第7頁作品／紙型A面

材料

表布／古素布一墨色2片(包含折返布・提手)、純棉布一灰綠色、紅黑色、棕紫色、古印花布一白茶色、古布一深藍色、古條紋布一紅色、墨色各1片。裏布／40cm×60cm。黑色的斜紋邊條70cm。鋪棉／40cm×60cm。接著襯30cm×10cm。

成品尺寸

高24cm×橫24cm×寬6cm

作法

● 右上的圖樣是縱長三角的紙型向裏折,將布作裁剪。

● 依a～d的順序作圓形的圖樣4片,四角的圖樣2種各作2片。參照圖的要領,放上側面的圖樣,兩側邊的褶也作縫合。

● 作好壓線縫的拼完成的表布(Top)

中表對好作縫合。脇邊是以一邊的裏布包住縫分作斜針縫。底布作縫合,以滾邊條作修飾整理。

● 提手斜紋布裁剪。鋪棉捲緊,提手車縫後翻回到表面,再將鋪棉塞入。

● 夾住提手,將折返布縫上作修飾整理。

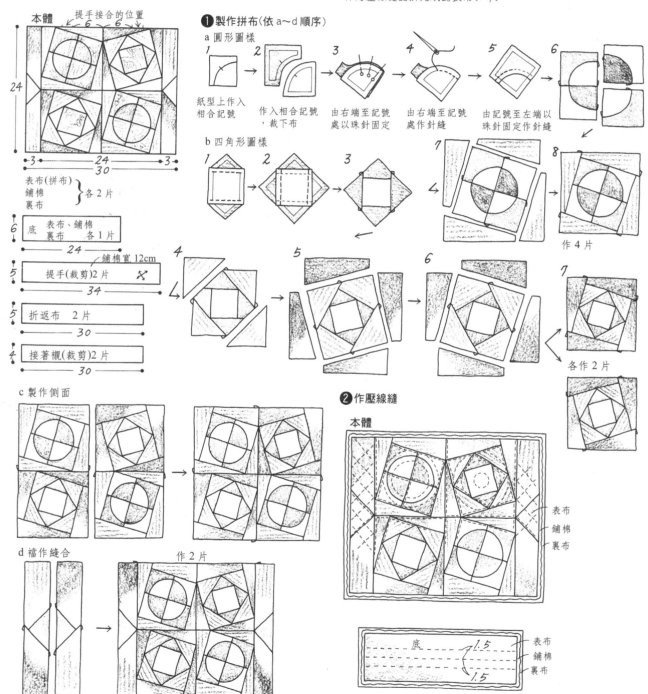

本體

提手接合的位置

本體 表布 鋪棉 裏布

① 製作拼布(依a～d順序)

a 圓形圖樣

紙型上作入相合記號

作入相合記號,裁下布

由右端至記號處以珠針固定

由右端至記號處作針縫

由記號至左端以珠針固定作針縫

作4片

b 四角形圖樣

各作2片

c 製作側面

② 作壓線縫

本體

表布 鋪棉 裏布

底

表布 鋪棉 裏布

d 褶作縫合

作2片

❸ 兩脇邊作縫合

a 本體中表對好，
兩脇邊作縫合

b 將裏布1片
多的縫分剪掉

c 剩下的一邊的裏布包住
縫分作斜針縫

❹ 本體和底部作縫合

本體和底部作
縫合，縫分以
斜紋布包住作修飾。

❺ 折返布的準備

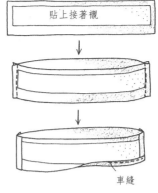

貼上接著襯

↓

↓

車縫

❻ 製作提手
（2 條）

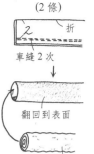

2 折

車縫 2 次

↓

翻回到表面

穿入鋪棉

寬 12cm 的
鋪棉捲緊

❼ 提手和折返布作縫合

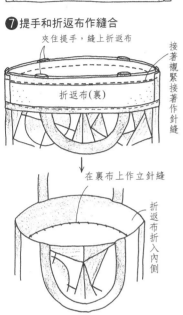

夾住提手，縫上折返布

折返布(裏)

接著襯緊接著作針縫

在裏布上作立針縫

折返布折入內側

完成圖

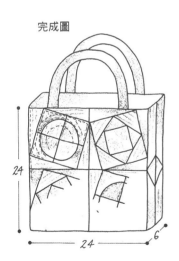

24

24

6

8

❶ 製作下部的拼布

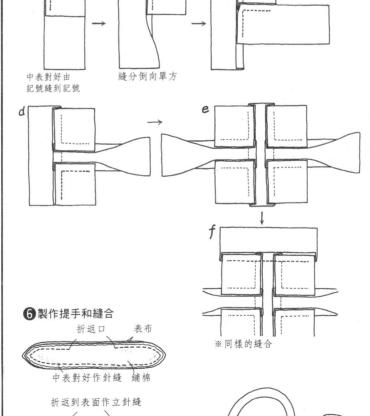

a 中表對好由
記號縫到記號

b 縫分倒向單方

c

d

e

f

※同樣的縫合

❻ 製作提手和縫合

折返口　表布

中表對好作針縫　鋪棉

折返到表面作立針縫

車縫

立針縫　8

12

作細密的
確實固定縫
2～3次

立針縫

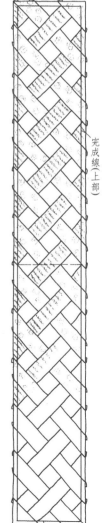

完成線(上部)

脇線

●彩色第8頁作品／紙型A・B面

材料

表布／純棉布─柿色 108cm×80cm。拼布〈籬笆〉／古印花布─淺柿色、古條紋布─茶色、純棉布─銀灰色各1片。〈花〉純棉布─抹茶色、茶綠色、水色、金黃色、米白色、淺灰粉紅色、淺紅色、古印花布─白茶色各適量。裏布／古印花布─白茶色

108cm×80cm。鋪棉90cm×80cm。

成品尺寸

高 30.5cm× 橫 40cm× 底部直徑 25.5cm。

作法

●貼布縫的布是裁下縫分0.6cm的斜紋布，花是將縫分側先作縮縫。表布上描下圖案，作出形狀將貼布縫

的布放上去，以有色的線作縱的立針縫。

●下部的籬笆以拼布來作，和上部縫合後作壓線縫。作好底部和本體作縫合，裏布蓋住作立針縫的縫合。

●在袋口夾住帶子作滾邊條，製作提手(第59頁)，於接合的位置作立針縫的接合。

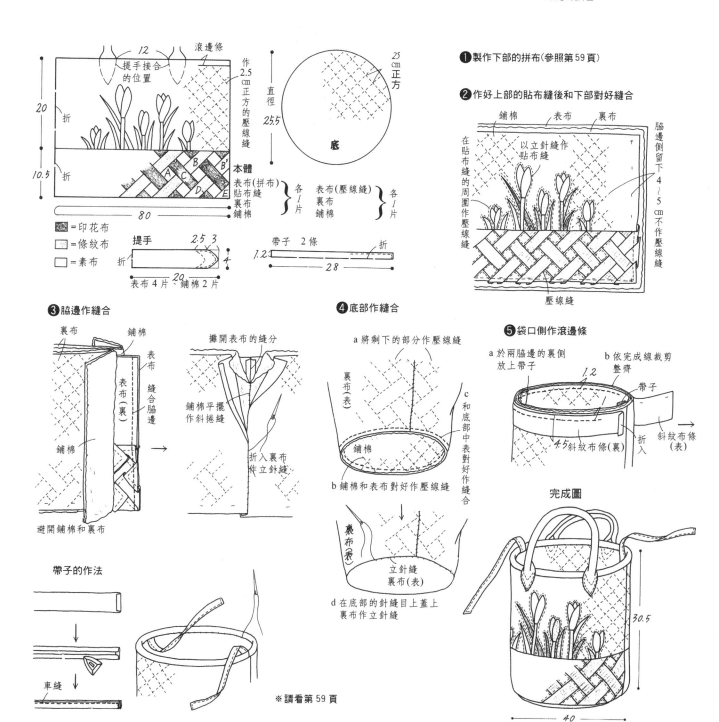

❶製作下部的拼布(參照第59頁)

❷作好上部的貼布縫後和下部對好縫合

❸脇邊作縫合

❹底部作縫合

❺袋口側作滾邊條

帶子的作法

※請看第59頁

完成圖

材料

表布／純棉布--白茶色108cm×60cm
、古條紋布一紅色2片，古印花布一
紅灰色1片。裏布／110cm×50cm。
鋪棉102cm×50cm。直徑2.8cm的
包釦1個。磁釦1組。美國田子釦2
組。寬2.5cm的背包帶200cm。寬
2.5cm的方形接合環，調整環各2

個。長25cm的拉鏈1條。

成品尺寸

高39cm×寬36cm。

作法

●先作本體的拼布和壓線縫，袋子的
脇邊縫上拉鏈，再和另一片縫合成
筒狀，底部作縫合。

●袋口將折返布作回針縫，折返布往

內縮0.1cm後作車縫。裏布距拉鏈
開口上下各1cm處開始縫起，縫出
內袋。

●製作蓋子，接合上田子釦、包釦，
本體的磁釦的裏側以圓形布遮蓋。
背包帶、提手夾在本體和蓋子之
間，將蓋子作縫合。

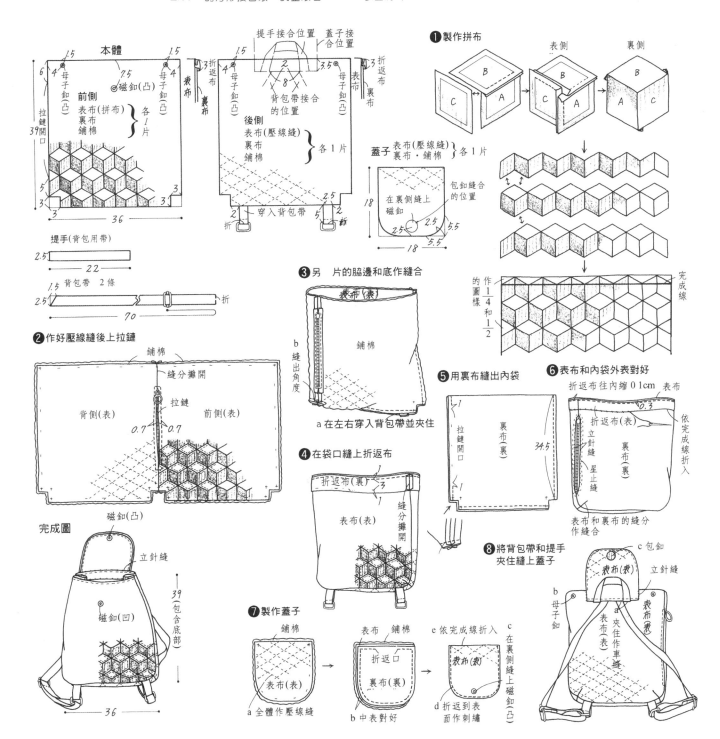

● 製作拼布

完成圖

磁釦(凹)

39(包含底部)

磁釦(凹)

36

材料

本體表布／古印花布－白茶色
108cm×100cm(含口袋・提手・裏
布)。純棉布－白茶色 108cm×50cm
(含上襠・下襠・提手・滾邊條・口
袋)。接著鋪棉 40cm×90cm。49cm
長的拉鏈 1 條。磁釦 1 組。直徑
0.3cm 的帶子 280cm。厚紙板
40cm×20cm。

成品尺寸

高 27.5cm×橫 38.5cm×襠 5cm。

作法

●將圖樣作縱・橫交互並排的拼布。
●本體的前側・後側・口袋・下襠以
熨斗將接著襯燙貼上,作壓線縫。
●上襠作 2 片,先縫上拉鏈,作好壓
線縫後和下襠接縫成輪狀。
●製作表袋,於本體表側將穿入帶子
的滾邊條和提手以疏縫固定,口袋
和襠夾住本體,中表對好作車縫。
●製作中袋,外表重疊對好將袋口作
立針縫,作好內墊放入底部。

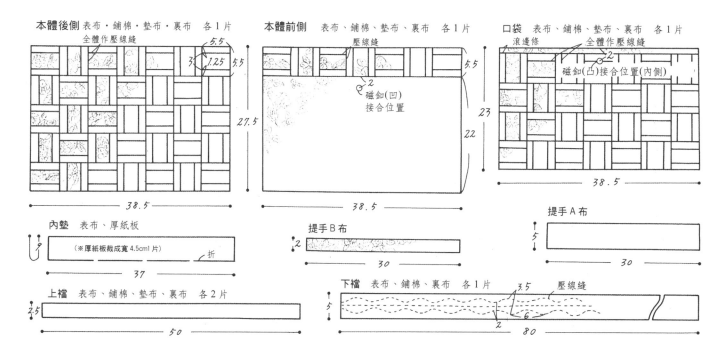

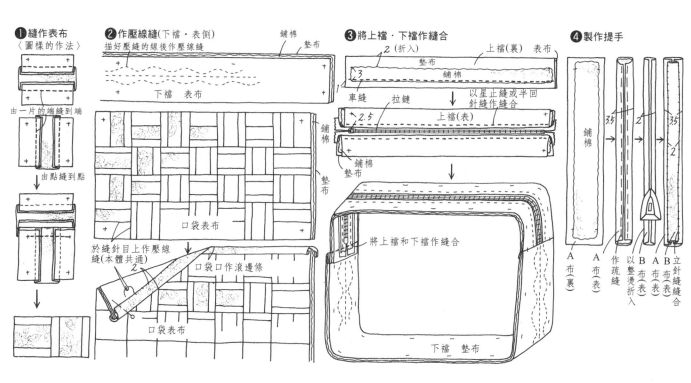

材料

本體表布／古印花布—淺紫色1片(含滾邊條)。純棉布—砂茶色1片。接著襯25cm×40cm。墊布 25cm×40cm。裏布／純棉布—砂茶色1片。24cm長的拉鏈1條。

成品尺寸

高 15cm×橫 17cm×襠 4cm。

作法

●參照①將圖樣作成拼布，留下縫分2cm 裁剪表布。

●依表布裁剪鋪棉和墊布，疏縫後全體作壓線縫。

●將裏布重疊，留下 0.9 的縫分作裁剪。寬 3.5cm 的斜紋布條約長50cm，作疏縫後再車縫。滾邊條

整理成 1cm，於裏布側作立針縫。

●兩側的滾邊部分由底部起9cm作斜針縫縫合，以半回針縫上拉鏈。拉鏈順著小包包的弧度線，以千鳥縫作固定縫。

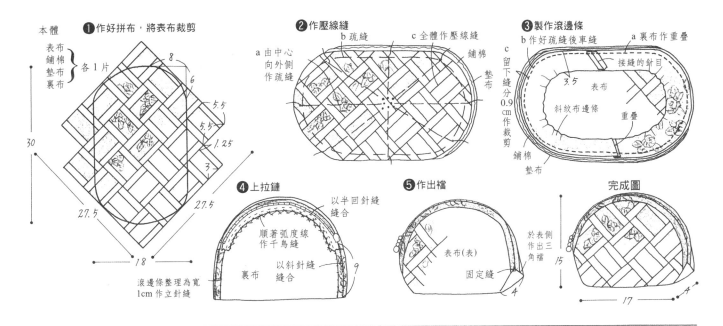

❶ 作好拼布，將表布裁剪
❷ 作壓線縫
❸ 製作滾邊條
❹ 上拉鏈
❺ 作出襠
完成圖

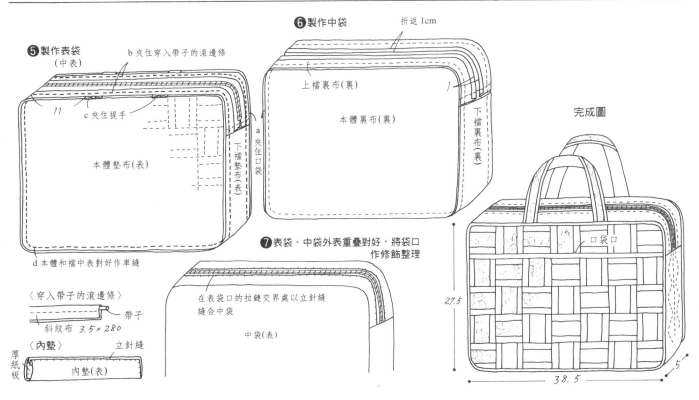

❺ 製作表袋
❻ 製作中袋
❼ 表袋、中袋外表重疊對好，將袋口作修飾整理
完成圖

材料

表布／純棉布一白茶色2片、古條紋布一白茶色、深藍色、紅色、鐵藍色、茶色、墨色、紅色各1片。檔·底·提手接合環／純棉布一白茶色(含表布)。裏布·鋪棉／各 50cm×80cm。藤 提手(內寬 11cm)1組。

成品尺寸

高 30cm×橫 30cm×寬 10cm

作法

● 參照圖要領作側面 2 片的拼布,底部的表布縫合後作壓線縫。

● 於檔放上鋪棉作疏縫,本體和檔作縫合。

● 製作提手接合環。袋口的縫分往內折,車縫後接縫於本體。

● 縫裏袋和底的三角檔。

● 將裏袋外表放入表袋內,放袋口側內 0.2cm 處以斜針縫縫合。由表面車縫 2 道,檔的中心折疊 1.5cm 縫 5cm 長,作出檔的活褶。

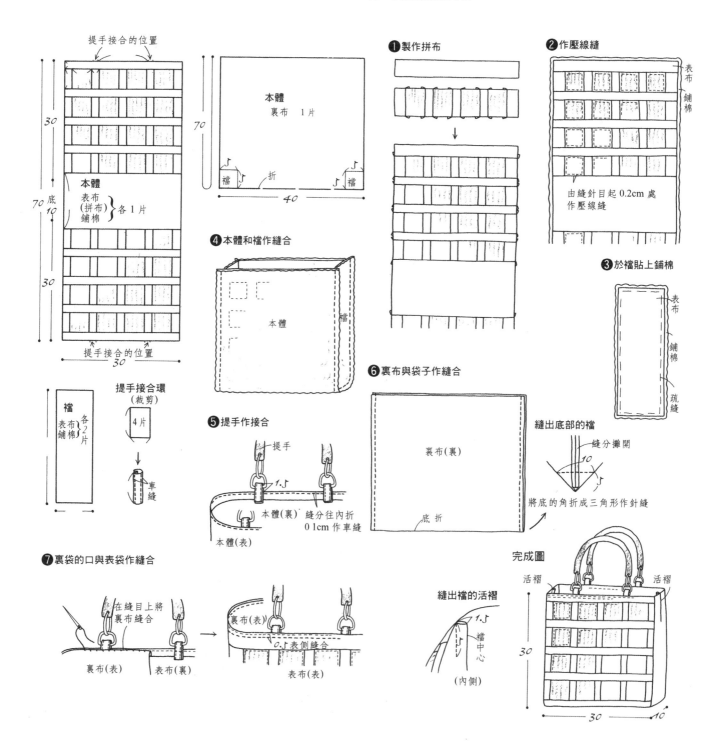

13

●彩色第12頁作品

材料

表布／純棉布－紅黑色 108cm ×80cm(含緣邊、底、裏布)。栗色、柿色、紅茶色、古條紋布－枯葉色、紅色、茶色、古印花布－淺柿色各 1 片。鋪棉 70cm×80cm。深褐色的棉蕾絲200cm，寬 3cm 的方形接合環和調節金屬環 2 組。寬2.5cm的深褐色背包帶250cm，直徑 0.5cm 的茶色帶子50cm。直徑 1cm 的帶子通過環 12 個，帶子端邊裝飾圈環 2 個。

成品尺寸

高 38.5cm×底部直徑 24cm。

作法

● 製作本體的拼布和壓線縫，背側中心作縫合。

● 底部縫合。將本體 4 等分和底的相合記號對好，方形接合環穿入背帶接縫於距背中心兩側 10cm 處。裏布也是相同的作法，底部的縫分平擺作固定縫。

● 袋口的裏布折返至表面 1.5cm，背帶縫合及作修節整理。將帶子穿過帶子通過環，再縫上帶子固定布和帶子端邊裝飾環圈。

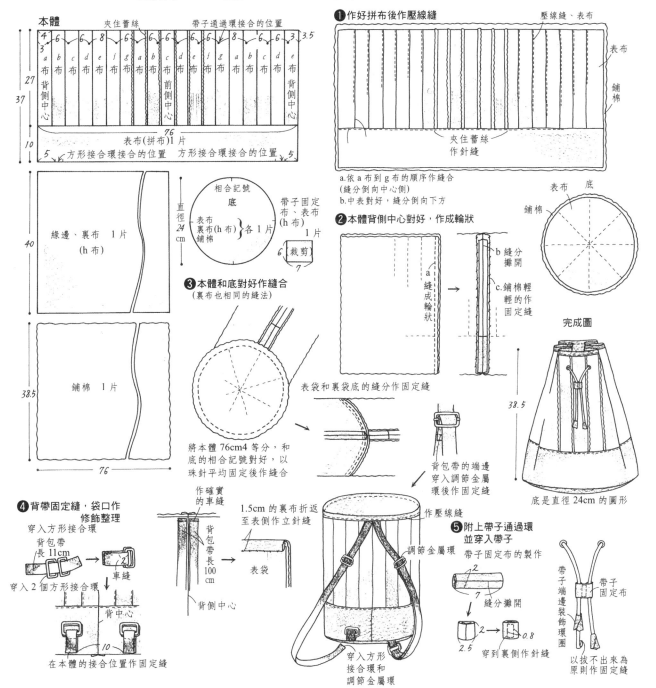

本體

夾住蕾絲　帶子通過環接合的位置

表布(拼布)1 片

方形接合環接合的位置　方形接合環接合的位置

緣邊、裏布　1 片 (h 布)

鋪棉　1 片

底

相合記號

表布 裏布(h 布) 鋪棉 }各 1 片

帶子固定布、表布 (h 布) 1 片

裁剪

❶ 作好拼布後作壓線縫

壓線縫、表布

表布

鋪棉

夾住蕾絲 作針縫

a.依 a 布到 g 布的順序作縫合 (縫分倒向中心側)
b.中表對合，縫分倒向下方

❷ 本體背側中心對好，作成輪狀

a 縫成輪狀

b 縫分攤開
c.鋪棉輕輕的作固定縫

表布　底
鋪棉

❸ 本體和底對好作縫合
(裏布也相同的縫法)

表袋和裏袋底的縫分作固定縫

將本體 76cm4 等分，和底的相合記號對好，以珠針平均固定後作縫合

背包帶的端邊穿入調節金屬環後作固定縫

完成圖

底是直徑 24cm 的圓形

❹ 背帶固定縫，袋口作修飾整理

穿入方形接合環

背包帶長 11cm

穿入 2 個方形接合環

車縫

背中心

在本體的接合位置作固定縫

作確實的車縫

背包帶長100cm

背側中心

1.5cm 的裏布折返至表側作立針縫

表袋

調節金屬環

穿入方形接合環和調節金屬環

❺ 附上帶子通過環並穿入帶子

帶子固定布的製作

縫分攤開

穿到裏側作針縫

帶子端邊裝飾環圈

以拔不出來為原則作固定縫

15·16

●彩色第14頁作品／紙型A面

材料(15)

本體表布／古布—金茶色、古印花布—藍墨色、純棉布—柿色各1片。底·穿帶子布·裏布／純棉布—紅黑色108cm×35cm(含本體袋口布)。鋪棉65×25cm。直徑0.5cm的藍色帶子150cm、直徑2cm的木製帶子環2個。刺繡線—藍色和茶色各適量。厚紙板15cm×45cm。

材料(16)

本體表布／古布—黑色、純棉布—紅色180cm×25cm(含穿帶子布·裏布)、古素布—墨色2片。直徑0.5cm的黑色帶子150cm。刺繡線—紅色和黑色各適宜。其他材料和作品15相同。

成品尺寸

高18.5cm×寬15cm×15cm。

作法

●以拼布的方法製作表布。準備好實物大紙型的圖樣,再將每1片貼上(塗上顏色也可)。邊看邊作拼布則表布就會很順利的完成。縫分裁剪爲0.7～0.8cm。

●於表布作刺繡,中間對折中表對好縫合脇邊。縫分以熨斗燙開,將剩下的刺繡作完成。

●穿帶子用置於袋口以疏縫固定,裏布的脇邊作縫合,和表布中表重疊對好。鋪棉捲好脇邊作斜針縫,於袋口側作車縫。

●厚紙板表底用要2片,裏底用則稍稍小一點1片。

●穿入帶子,帶子端邊放入端邊裝飾環圈2條作固定縫,裝飾環圈以接著劑固定。

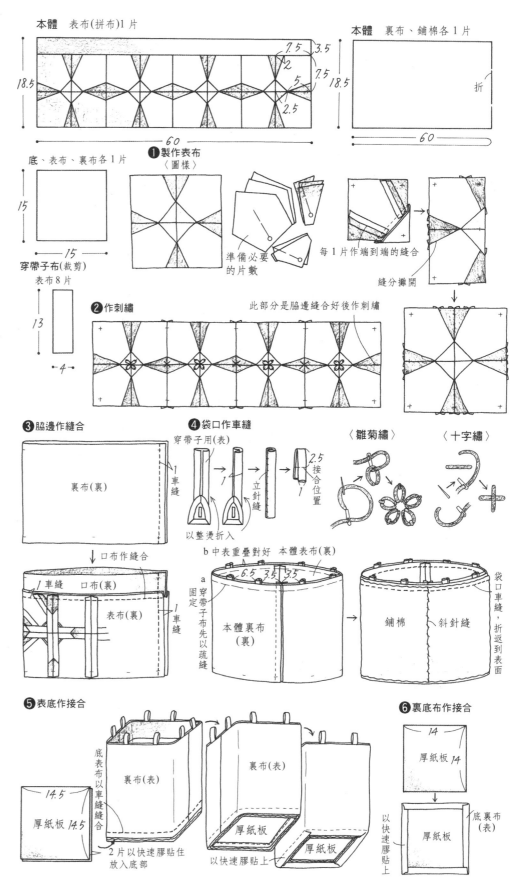

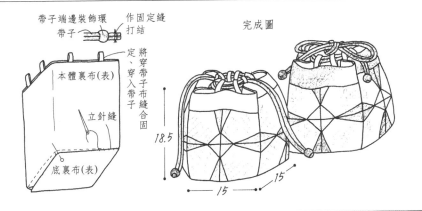

帶子端邊裝飾環
帶子

作固定縫
打結

本體裏布(表)

定、穿帶子布縫合固
將穿帶子布

立針縫

底裏布(表)

完成圖

18.5

15　15

23

❶藤編式帶子的製作

裁剪 A布　B布

A布　4.2cm×50cm 剪 10 條(完成的寬度 1.5cm)
　　　7.2cm×32cm 剪 2 條(完成的寬度 3cm)

B布　4.2cm×32cm 剪 2 條(完成的寬度 1.5cm)
　　　7 2cm×32cm 剪 3 條(完成的寬度 3cm)

0.6

留下縫分 0.6cm 作縫合
(縫分攤開)

折返到表面,以
熨斗整燙

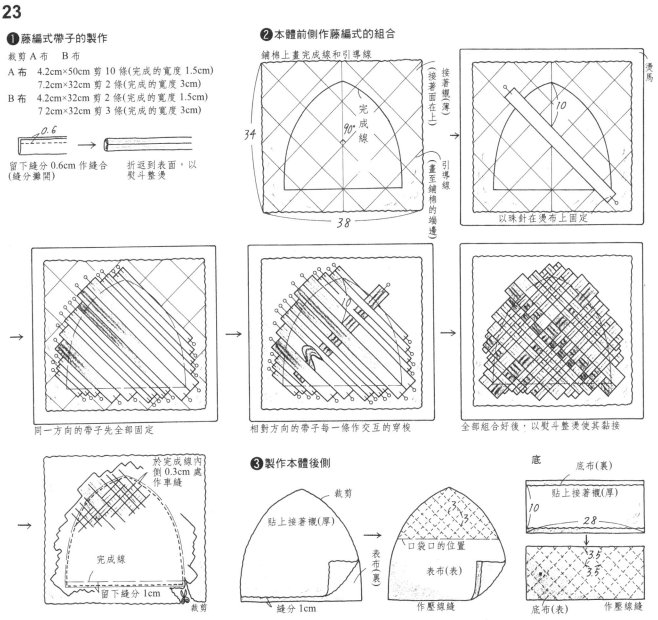

❷本體前側作藤編式的組合

鋪棉上畫完成線和引導線

完成線

90°

34

38

接著襯(薄)
(接著面在上)

(畫至鋪棉的端邊)
引導線

燙馬

10

以珠針在燙布上固定

同一方向的帶子先全部固定

相對方向的帶子每一條作交互的穿梭

全部組合好後,以熨斗整燙使其黏接

於完成線內側0.3cm處作車縫

完成線

留下縫分 1cm

裁剪

❸製作本體後側

裁剪

貼上接著襯(厚)

縫分 1cm

口袋口的位置

表布(裏)

表布(表)

作壓線縫

底

底布(裏)

貼上接著襯(厚)

10

28

3.5
3.5

底布(表)

作壓線縫

★本書所使用的小塊布尺寸表請參考第45頁。

材料

表布／酒袋布一紅茶色 92cm×60cm。藤編式拼布用布／古條紋布一深藍色 108cm×75cm(含裏布)。紅色 108cm×60cm(含滾邊條)。接著鋪棉(薄)34cm×38cm〈藤編式拼布土台布〉。接著鋪棉(厚)80cm×40cm〈背面・底・襠〉。接著襯(厚) 100cm×40cm〈裏布・底・外口袋・內口袋・釦子裏〉。長23cm的拉鏈1條。磁釦1組。刺繡線適量。

成品尺寸

高24.5cm×橫28cm×襠10cm

作法

● 本體前側和底的作法參閱第 67 頁。

● 接著鋪棉的接著面上畫完成線和引導線,作成藤編的組合,再以熨斗整燙使其接著。

● 參照③~⑦製作本體。

● 裁剪寬 4cm×14.5cm 的斜紋布邊條,將表布和裏布外表對好作緣編的修飾。

● 製作襠和提手,本體和襠的相合記號對好,作平針的縫合。

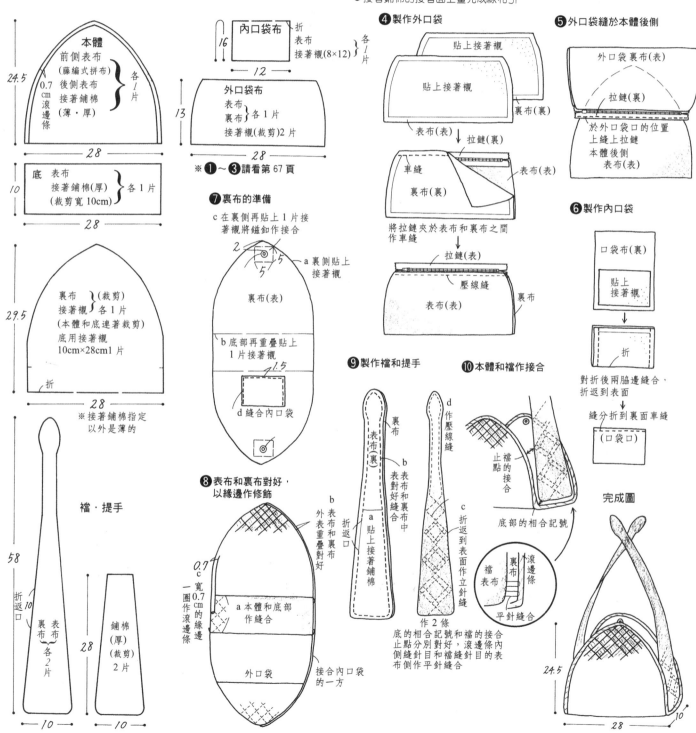

24

●彩色第19頁作品

材料

拼布用布／古印花布一黑灰色、古素布一枯茶色、古條紋布一鐵藍色各1片。口布・底・帶子／純棉布一紅茶色2片。襠／古素布一枯茶色1片。裏布／藍素色壓線縫布55cm×40cm。寬2cm的茶色棉帶60cm。內徑20cm×11cm的竹製提手1組。圓點釦

子2組。厚紙板50cm×33cm。

成品尺寸

高25cm×橫33cm×寬16.5cm

作法

●作袋口，表布作拼布，夾住帶子將本體和襠縫成輪狀。

●於本體縫上口布，襠配合底部的尺寸作活褶。

●底是對好中表將表底作縫合。2片厚紙板以黏膠貼住作為襯，放入底部以縫分蓋住。裏底布作好後對折中間夾入一片厚紙板，在底的縫分上塗黏膠重疊蓋上貼住。裏布和裏底布作斜針縫。折返到表面整理修飾即成。

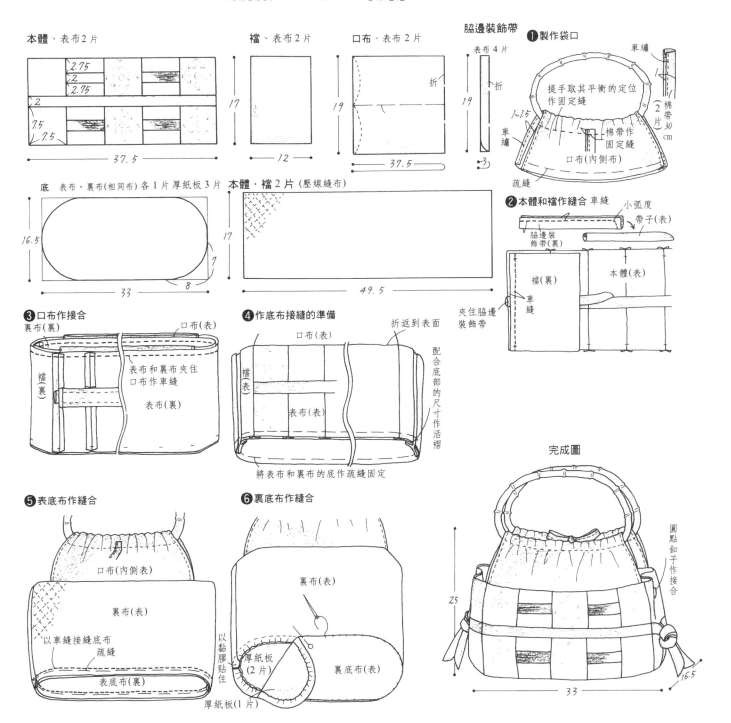

●彩色第16頁作品／紙型A面

材料

表布／純棉一鐵藍色、紅色各1片、茶綠色、金黃色、水色、紅茶色各適量。裏布／古素布一深藍色片。鋪棉60cm×30cm。19cm長的拉鏈1條。接著襯少許。直徑0.7cm的釦子21個。

成品尺寸

高22.5cm×寬21cm

作法

●將各小片留下縫分0.7cm作裁剪，依下頁的要領將表布作斜線的拼布。

●在表布上畫直徑6cm圓形的壓縫線記號。鋪棉重疊上去，全體作壓線縫。縫合成筒狀，底部作縫合，縫分將鋪棉輕輕的斜針縫接合。

●提手以2色來作，表面的藍色兩側有露出紅色。

●提手夾在袋口以滾邊條作修飾整理，縫上拉鏈。袋口和底側的三角頂點和底中心縫上裝飾釦。

●作內袋，以外表放入袋子裏面和拉鏈的針縫目上作立針縫。

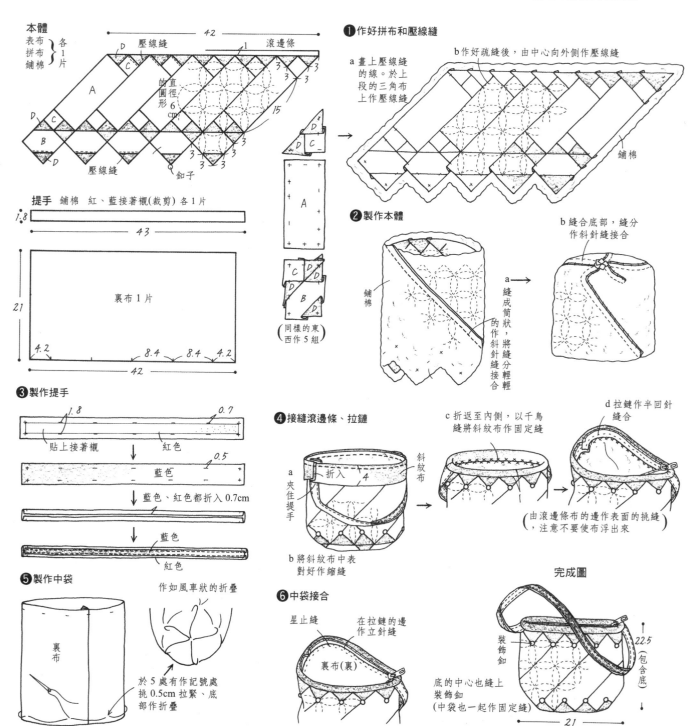

本體

表布
拼布 各1片
鋪棉

壓線縫　滾邊條
釦子

提手 鋪棉 紅、藍接著襯(裁剪)各1片

裏布1片

❸製作提手

貼上接著襯　紅色
藍色
藍色、紅色都折入0.7cm
藍色
紅色

❺製作中袋

裏布

作如風車狀的折疊

於5處有作記號處挑0.5cm拉緊、底部作折疊

❶作好拼布和壓線縫

a 畫上壓線縫的線。於上段的三角布上作壓線縫

b 作好疏縫後，由中心向外側作壓線縫

鋪棉

❷製作本體

鋪棉

縫成筒狀，將縫分的作斜針縫接合

b 縫合底部，縫分作斜針縫接合

❹接縫滾邊條、拉鏈

a 夾住提手

b 將斜紋布中表對好作縮縫

c 折返至內側，以千鳥縫將斜紋布作固定縫

d 拉鏈作半回針縫合

(由滾邊條布的背作表面的挑縫)，注意不要使布浮出來

❻中袋接合

星止縫

在拉鏈的邊作立針縫

裏布(裏)

完成圖

裝飾釦

底的中心也縫上裝飾釦(中袋也一起作固定縫)

22.5(包含底)

21

●彩色第17頁作品／紙型A面

材料

表布／古布－藍色 2 片（含口布、大小裝飾球）。純棉布－灰綠色、銀灰色、古素布－淺藍色、深藍色各適量。裏布／古布－亞麻色 1 片。鋪棉50cm×30cm。直徑 0.4cm的黑色帶子150cm。化纖棉適量。

成品尺寸

高 25cm×寬 21cm。

作法

●各小片留下 0.7cm的縫分作裁剪，參照圖的要領將表布作斜線的拼布。

●和作品 19 相同要領將鋪棉重疊，全體作壓線縫後縫合成筒狀。

●口布的兩端立針縫，外表對折於2cm 處車縫一道作穿帶子用。

●製作中袋，袋口側和表布中表對好，夾住口布縫合，折返到表面。

●將裏布的底拉緊，折疊成如風車狀作出底部。

●作大小的裝飾球及修節，帶子穿入兩端縫上大的裝飾球即完成。

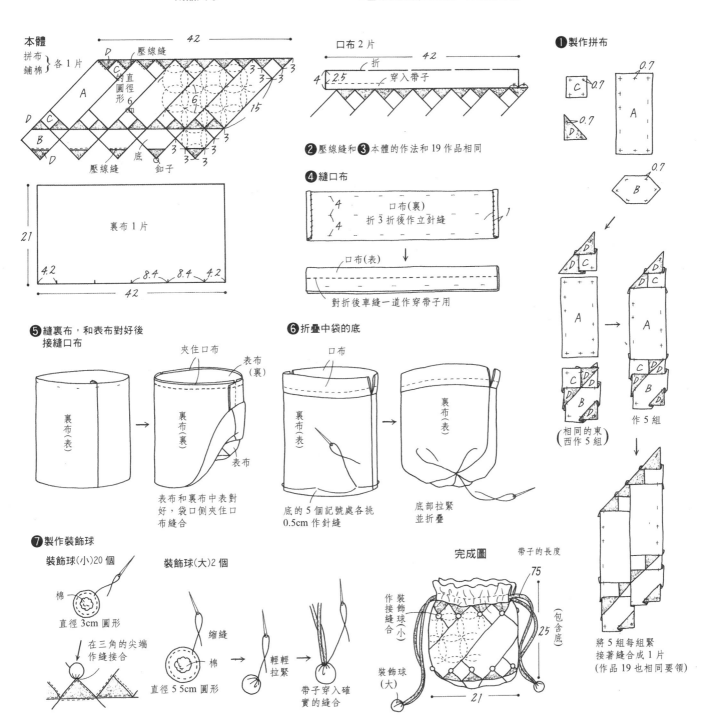

本體

拼布
鋪棉 } 各 1 片

42

壓線縫

裏布 1 片

21

4.2　8.4　8.4　4.2

42

口布 2 片

折

42

4　2.5　穿入帶子

❷壓線縫和❸本體的作法和 19 作品相同

❹縫口布

口布(裏)

4　折 3 折後作立針縫

口布(表)

對折後車縫一道作穿帶子用

❺縫裏布，和表布對好後接縫口布

夾住口布

表布(裏)

裏布(表)

裏布(裏)

表布

表布和裏布中表對好，袋口側夾住口布縫合

❻折疊中袋的底

口布

裏布(表)

裏布(表)

底的 5 個記號處各挑0.5cm 作針縫

底部拉緊並折疊

❶製作拼布

C　0.7

0.7

D　0.7

A

0.7

B

作 5 組

相同的東西作 5 組

將 5 組每組緊接著縫合成 1 片（作品 19 也相同要領）

❼製作裝飾球

裝飾球(小) 20 個

棉

直徑 3cm 圓形

在三角的尖端作縫接合

裝飾球(大) 2 個

縮縫

棉

直徑 5.5cm 圓形

輕輕拉緊

帶子穿入確實的縫合

完成圖

帶子的長度

75

作接縫合裝飾球(小)

裝飾球(大)

25（包含底）

21

●彩色第17頁作品／紙型A面

材料

表布／古印花布一青藍色2片。純棉布一銀灰色2片（含口布和裏布）。古素布一淺藍色1片。直徑0.3cm的帶子2色各200cm。化纖棉適量。

成品尺寸

高20.5cm×寬20cm。

作法

●A素布2色各5片，B是裁剪印花布10片，縫合成L形，圖中的活褶部分是捏好後作針縫。準備10片，縫合成筒狀。內袋參照圖，再作出底部。各小片的中心每處挑0.5cm挑一圈，將線拉緊，縫分作成風車狀的倒向。

●作內袋，留下折返口作脅邊的縫合

再折返到表面，和表側相同要領，底側每隔4cm作1次挑縫將底部修飾完成。

●製作口布，表布和內袋中表對好，夾住口布將袋口作縫合。

●由折返口折返到表面，折返口作立針縫。製作大小的裝飾球，小的縫於袋子，大的則於帶子左右兩端各縫接1個。

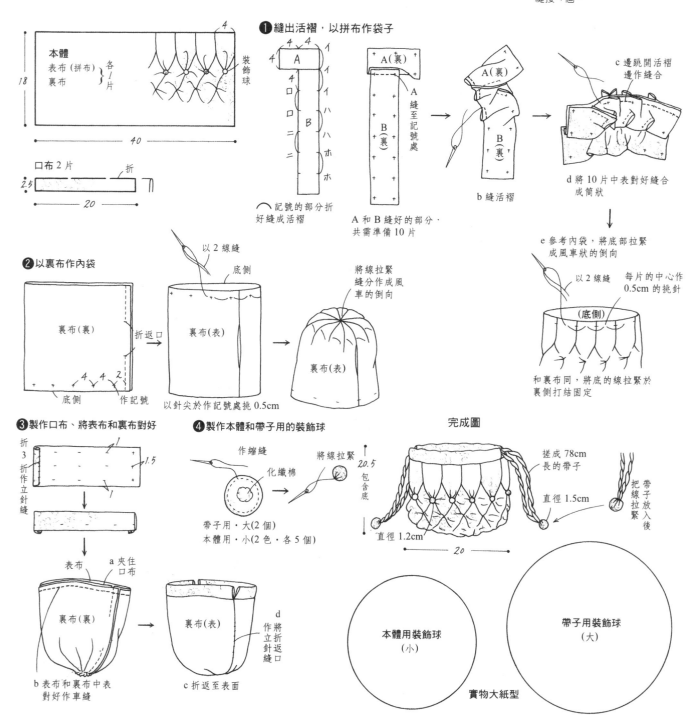

①縫出活褶，以拼布作袋子

記號的部分折好縫成活褶

A和B縫好的部分，共需準備10片

b縫活褶

c邊跳開活褶邊作縫合

d將10片中表對好縫合成筒狀

e參考內袋，將底部拉緊成風車狀的倒向

以2線縫 每片的中心作0.5cm的挑針

（底側）

和裏布同，將底的線拉緊於裏側打結固定

②以裏布作內袋

裏布（裏）

折返口

底側

作記號

以2線縫

底側

裏布（表）

以針尖於作記號處挑0.5cm

將線拉緊縫分作成風車的倒向

裏布（表）

③製作口布、將表布和裏布對好

折3折作立針縫

表布

a夾住口布

裏布（裏）

b表布和裏布中表對好作車縫

裏布（表）

c折返至表面

d作將折返口立針縫

④製作本體和帶子用的裝飾球

作縮縫

化纖棉

將線拉緊

帶子用·大(2個)

本體用·小(2色·各5個)

完成圖

搓成78cm長的帶子

直徑1.5cm

直徑1.2cm

20.5包含底

20

把線拉緊後帶子放入後

本體用裝飾球(小)

帶子用裝飾球(大)

實物大紙型

本體

表布(拼布)
裏布 } 各1片

18

40

4

裝飾球

口布2片

2.5

20

折

20

●彩色第16頁作品／紙型A面

材料

表布／古布一灰紫色1片(含口布、優優)。純棉布一抹茶色 2 片(含裏布)。直徑 0.3cm 的抹茶色帶子200cm。提手彈簧夾(長20cm)1組。直徑 0.6 的珠子 28 個。

成品尺寸

高 20.5cm×寬 20cm

作法

●和作品 22 大致相同,請參照前頁。於口布穿入提手彈簧夾,作好帶子及裝飾品優優後作縫接合。

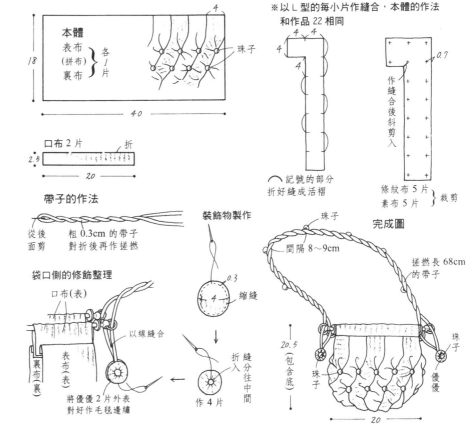

本體
表布
(拼布)　各
裏布　1片

口布 2 片　折

※以 L 型的每小片作縫合,本體的作法和作品 22 相同

作縫合後斜剪入

條紋布 5 片
素布 5 片　裁剪

記號的部分
折好縫成活褶

帶子的作法

從後面剪　粗 0.3cm 的帶子
對折後再作搓撚

裝飾物製作

縮縫

完成圖

珠子
間隔 8～9cm
搓撚長68cm的帶子
20.5(包含底)
珠子
珠子
優優
20

毛毯邊繡

袋口側的修飾整理

口布(表)
以線縫合
表布(表)
裏布(裏)
將優優 2 片外表對好作毛毯邊繡

折入
縫分往中間
作 4 片

17・18

❻袋口環和帶子末端裝飾球作縫合

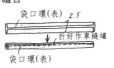

袋口環(表)　2.5
折好作車縫縫
袋口環(表)

〈帶子末端裝飾球的作法〉

作折疊處的記號
中心

成組帶子a～c 以 1 針挑好後將成組帶子放入

棉

挑 d 後打結固定,e～h再每 1 處挑1 針後打結固定

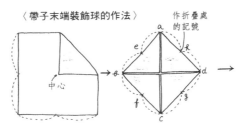

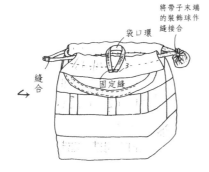

袋口環
將帶子末端的裝飾球作縫接合
縫合
固定縫

完成圖

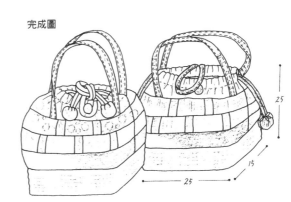

25
15
25

17・18

●彩色第15頁作品

材料(17)

本體表布／古印花布—梅灰色、藍墨色、淺柿色各1片。純棉布—紅黑色2片(含裏袋)。提手、袋口環、裝飾帶、帶子末端裝飾環／古印花布—淺柿色(含表布)。鋪棉80cm×25cm。1.8cm的棉帶60cm，直徑0.5cm的藍灰色的成組帶子130cm。直徑2cm的包釦1個。竹籃(20cm×15cm×6cm)1個。化纖棉適量。木製帶子末端固定環2個。刺繡線藍色和茶色適量。

材料(18)

本體表布／古條紋布—茶灰色、枯葉色各1片。古素布—墨色1片〈含包釦〉。提手・袋口環・裝飾帶・帶子端邊裝飾環／古條紋布—鐵藍色1片。裏布／純棉布—柿色1片。直徑0.5cm的藍色成組帶子130cm。其他材料和作品15相同。

成品尺寸

高25cm×寬25cm×15cm。

作法

●先作提手和裝飾帶。裝飾帶是將布接縫成長條，避開縫線，剪成7cm長10條。夾住裝飾帶和提手縫製表布。

●表布・裏布和鋪棉重疊一起縫脇邊，縫好後緊靠著車縫線剪下鋪棉就變得不重了。

●竹籃口以表布和裏布夾住，以半回針縫將竹籃作接縫，回到表面，袋口作修飾整理。

●成組帶子穿入端邊縫上裝飾環，最後袋口縫上釦子和袋口環。

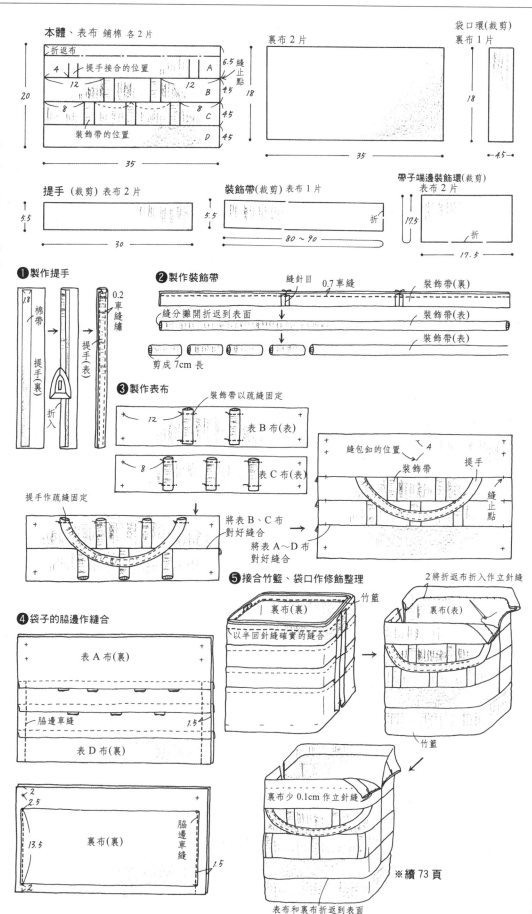

※續73頁

●彩色第13頁作品／紙型B面

材料

表布／純棉布一鐵藍色108cm×75cm（含提手・裏布・裝飾絆）。米白色、古條紋布一紅色、藍綠色各1片。鋪棉90cm×55cm。長45cm的拉鏈1條。刺繡線藍色適量。

成品尺寸

高26cm×橫45cm×襠14cm

作法

●本體的拼布依下圖順序製作、再和袋口側布剩下的表布作縫合。和裏布、鋪棉重疊後作壓線縫和刺繡。

●依打開的狀態以車縫縫上拉鏈，交界以星止縫將袋口側縫平。夾住裝飾絆縫合表布，縫出襠。

●提手是將折成3折的鋪棉以提手的布包住作立針縫，由兩側再折向中央部分作立針縫。

●表袋和裏袋的襠平擺作縫合，頂點固定縫於鋪棉上。

●袋口側作修飾整理。翻到表面，在拉鏈的針目將裏袋口作立針縫。

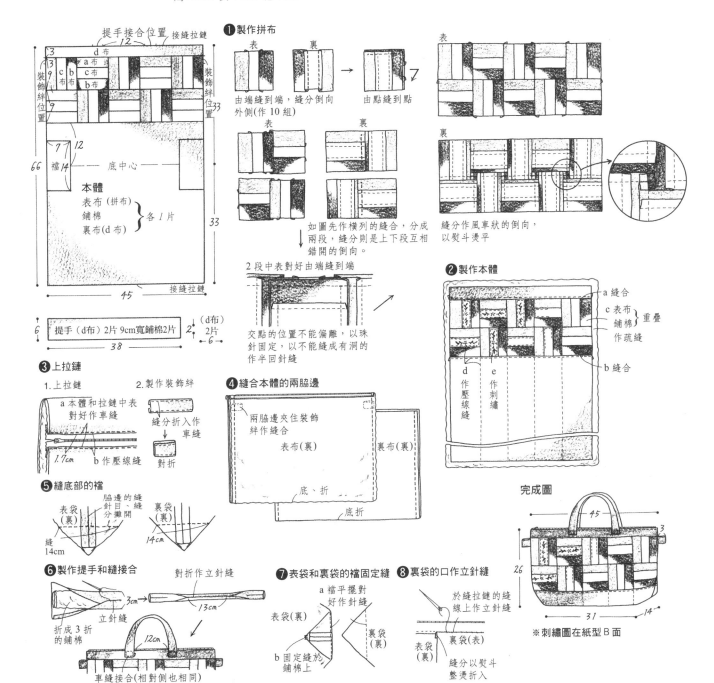

❶製作拼布

表　裏

由端縫到端，縫分倒向外側(作10組)　由點縫到點

表　裏

如圖先作橫列的縫合，分成兩段，縫分則是上下段互相錯開的倒向。

2段中表對好由端縫到端

交點的位置不能偏離，以珠針固定，以不能縫成有洞的作半回針縫

縫分作風車狀的倒向，以熨斗燙平

❷製作本體

a 縫合
c 表布
鋪棉　重疊
作疏縫
b 縫合

d 作壓線縫
e 作刺繡

❸上拉鏈

1.上拉鏈

a 本體和拉鏈中表對好作車縫
1.7cm
b 作壓線縫

2.製作裝飾絆

縫分折入作車縫
對折

❹縫合本體的兩脇邊

兩脇邊夾住裝飾絆作縫合
表布(裏)
裏布(裏)
底、折
底折

❺縫底部的襠

表袋(裏)　脇邊的縫針目、縫分攤開
縫14cm
裏袋(裏)
14cm

❻製作提手和縫接合

對折作立針縫
3cm
13cm
立針縫
折成3折的鋪棉
12cm
車縫接合(相對側也相同)

❼表袋和裏袋的襠固定縫

a 襠平擺對好作針縫
表袋(裏)
裏袋(裏)
b 固定縫於鋪棉上

❽裏袋的口作立針縫

於縫拉鏈的縫線上作立針縫
裏袋(表)
表袋(裏)
縫分以熨斗整燙折入

完成圖

45
3
26
31
14

※刺繡圖在紙型B面

●彩色第30頁作品/紙型B面

材料

表布/酒袋布一紅茶色92cm×150cm。拼布用布/純棉布一淺粉色、灰色、古素布一墨色、枯茶色、深褐色、古印花布一淺紫色、藍青色、淺柿色、梅灰色、古布一金茶色、棗紅色、古印花布一墨灰色各適量。裏布・內口袋/古印花布一淺柿色

108cm×60cm。鋪棉 102cm×50cm。直徑 0.5cm 的帶子 150cm。長30cm的拉鏈1條。

成品尺寸

高29cm×橫 32cm×襠 8cm

作法

●將六角形的圖樣留下0.7的縫分作裁剪、作拼布縫。放於留下 1cm縫

分裁剪下來的表布上作立針縫。參照圖全體作壓線縫，將六角形作斜線的刺縫。

●將裝入帶子的滾邊條放在已作好的表布上，先作縫接合。

●依③～⑤的要領製作本體，最後將提手作接合及修飾整理。

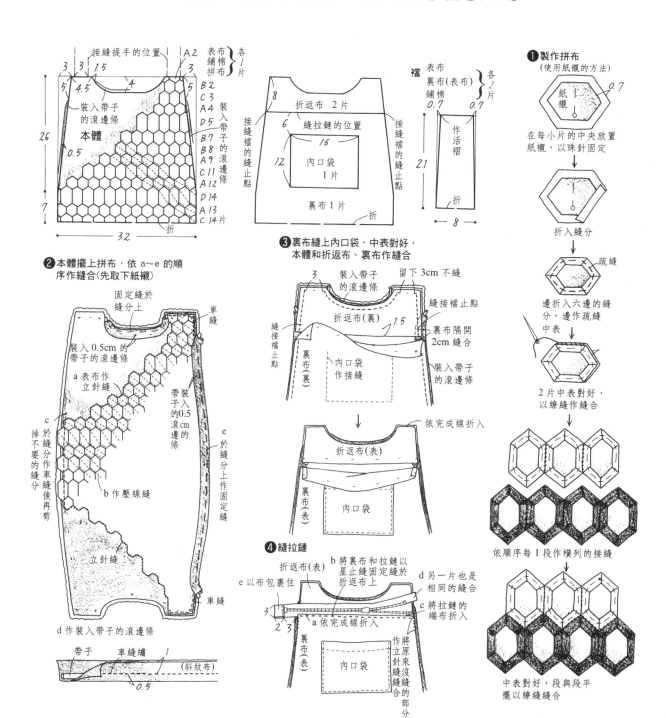

32

●彩色第 30 頁作品／紙型 B 面

材料

表布／酒袋布一紅褐色 30cm×50cm
。拼布用布／參照作品 31 的 9～10
種的布適量。裏布‧口布／古印花
布一淺柿色 108cm×30cm。直徑
0.3cm 的合成皮革帶子 80cm。化纖
棉少許。

成品尺寸

寬 25.5cm×寬 19cm

作法

●以六角形作拼布，擺在表布，作立
針縫。各段於約 2 處由表面以線打
結固定，留下線端 1cm 剪斷作爲裝
飾。

●表布和裏布的袋口中表對好作縫
合。縫分單方倒向口布側。

●表布、裏布的兩脇邊作縫合。裏布
的左右留下帶子穿入洞和折返口石
縫。

●折返到表面，於口布上以手縫繡縫
穿入帶子的部分。

●穿入合成皮的帶子，端邊縫上裝飾
物。

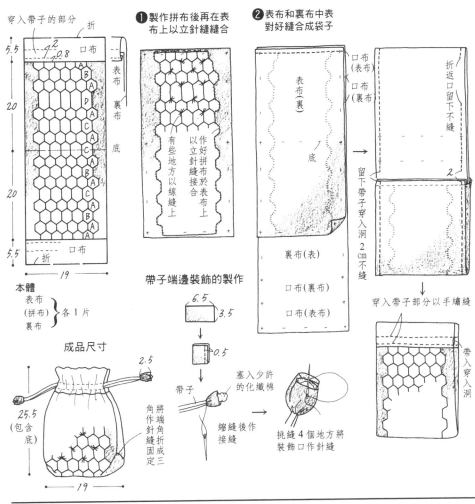

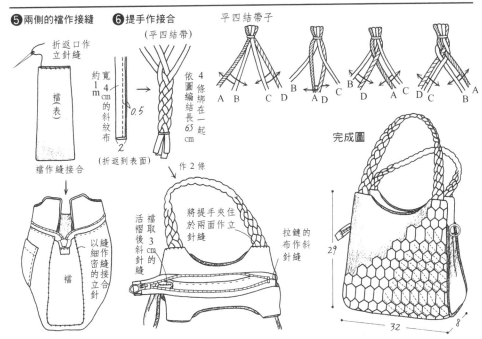

材料

表布／古條紋布－枯葉色 108cm× 35cm（含折返布和磁釦的接合布）、淡紫灰色108cm×35cm。裏布／古素布－枯茶色 50cm×50cm。鋪棉·墊布／各 30cm×50cm。磁釦1組。竹製提手（內徑 12cm）1組。

成品尺寸

高 21cm×橫 24cm×襠 4cm

作法

● 拼布參照①～③的順序製作。a、b布裁寬 5cm 各 12 片，確認相同花樣的方向作裁剪。

● a、b布參照圖交互排列，上端依順序每隔 3cm 以車縫接合成 A 和 B 的圖樣，作斜線的裁剪。將裁好的

長條布的菱形圖案接縫成山形。作好壓線縫後，袋口則修飾成直線。

● 作好各裝飾物後，縫上折返布和裏布。將表、裏布的各自脇邊結合。表袋和裏袋對好縫合袋口，由折返口折返至表面後將折返口以斜針縫縫合。

● 最後將提手作接合。

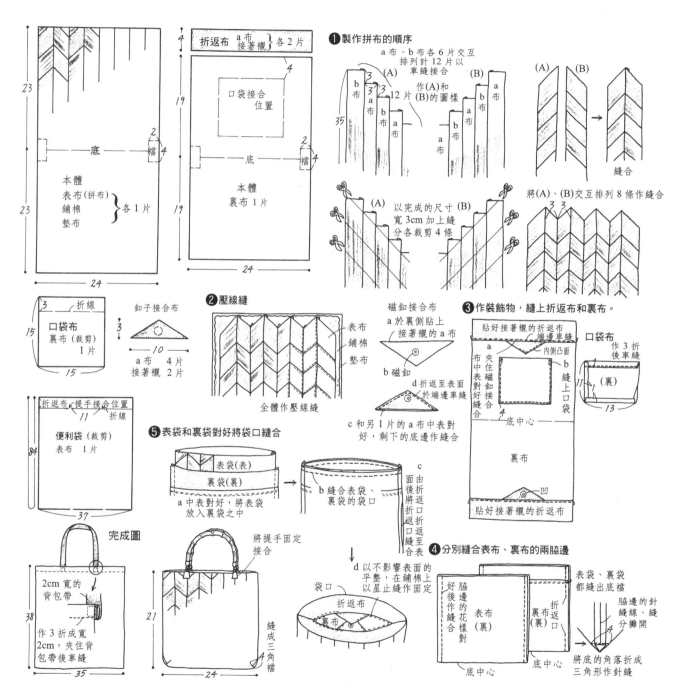

●彩色第 39 頁作品／紙型 B 面

材料

底台(含拼布)純棉布一褐紫色 108cm×90cm。拼布用／純棉布一黑紅色、古印花布一淺紫色、栗色、青藍色各 1 片。裏布・鋪棉各 80cm×65cm。長 24cm 的拉鏈 1 條。寬 2.5cm 的背包帶 160cm。2.5cm 寬的 D 形接合環 4 個。

成品尺寸

高 32.5cm×橫 24cm×襠 14cm

作法

●紙型的輪廓線包含縫分 1cm。本體背側、底、蓋子的部分參照圖於指定部分的裏布加出 1cm,作為包縫分用。

●滾邊用的斜紋布口袋用裁 5cm 寬,

其他則裁 4cm 寬。拼布的布是裁 3cm 寬,縫分是取 0.5cm。

●各部位的鋪棉上將裏布以疏縫接合。本體前側使用三角尺畫引導線,作車縫的壓線縫。參照圖的要領將各部位作修節整理。

●製作的說明圖請繼續參看第 80 頁。

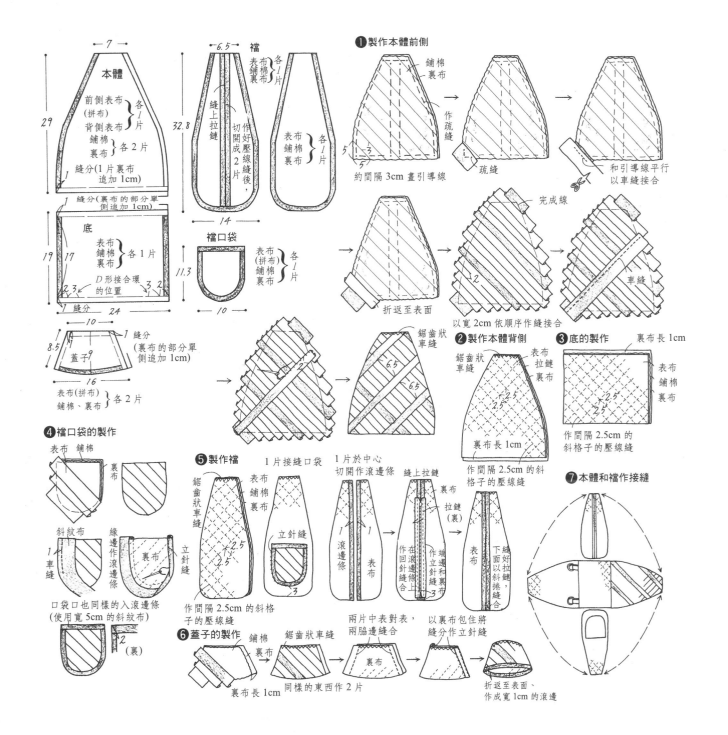

●彩色第43頁作品／紙型A面

材料

表布／純棉布─鐵藍色、古布─藍色
各1片。裏布·鋪棉／各40cm×50
cm。30cm長的拉鏈1條。

成品尺寸

高18cm×橫28.5cm×襠5cm

作法

●側面展開製作拼布。半個星星參照

①的順序作縫接合，側面2片和底
作縫合。

●重疊上稍大些的鋪棉後作壓線縫。

●斜紋布作成寬5cm 長120cm。斜
紋布中表重疊對好，由脇側的底中
心開始接縫，取滾邊條寬度
1.5cm，往裏折作疏縫（參照54
頁）。

●小包包的中心和拉鏈的中心對好，
於內側縫上拉鏈。交界作回針縫，
兩側的拉鏈和滾邊條以斜捲縫縫
合。

●縫上裏袋，表袋則和裏袋的襠作縫
合。

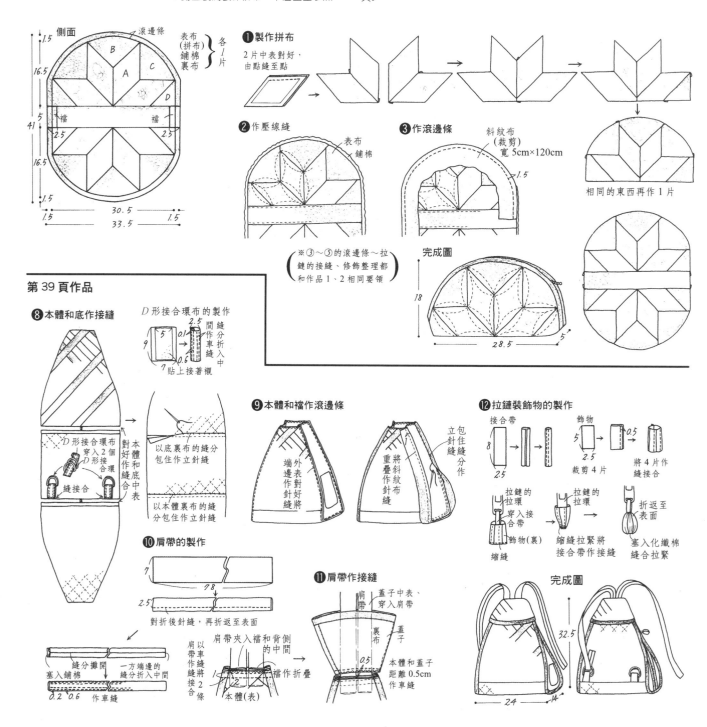

第39頁作品

41・43

●彩色第43頁作品

材料(41)

側面／純棉布－淺茶色、白茶色、灰綠色、古布－藍色、沙茶色各1片(含上部・底布)。墊布・鋪棉各20cm×40cm。直徑 0.5cm和 0.2cm的棉帶各 55cm。

成品尺寸

高 19cm×直徑 10.5cm

作法

●墊布上重疊上鋪棉，由左端起作車縫的壓線縫。

●將上下的布作接縫，縫合脇邊。帶子穿入口作車縫，其他部分作千鳥縫。上下的布作成袋形，於1cm處作車縫穿入帶子(上部的袋口側穿入粗的棉帶)。

材料(43)

表布／古布－藍色、金茶色、棗紅色、栗梅色、純棉布－紅黑色各 1片。墊布／純棉布－鐵藍色1片。穿入棒子用／純棉布－紅黑色(含於表布)。20cm 長的棒子1支。

成品尺寸

高約 21.5cm×橫約 16.5cm×襠 4cm

作法

●拼布的製作和作品41相同要領。

●製作襠，和本體縫合後，將縫分作成滾邊條。

●接縫穿入棒子的部分，以三種類的布編成辮子結。棒子的兩端鑽直徑 0.7cm 的洞，穿入辮子結。

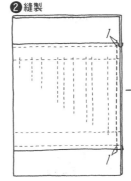

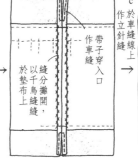

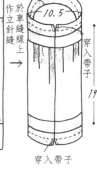

❶製作拼布

墊布 鋪棉 疏縫 車縫 至右端依順序作縫接合

❷縫製

帶子穿入口作車縫 於以縫千分鳥攤布上開，縫 穿入帶子

a 由折線折疊 b 車縫 c 於車縫立針縫線上作 穿入帶子

❶製作拼布

畫引導線 裏布 鋪棉 表 以疏縫固定

b 第 1 片以疏縫固定

c 第 2 片(裏) 車縫

d 折返表面

e 同樣的將全部作接縫

框邊條(表) 框邊條(裏) 在左右各接縫上框邊條

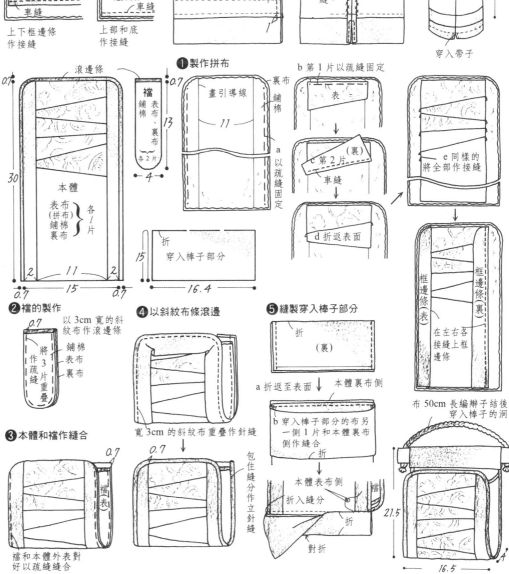

❷襠的製作

將 3 片重疊作疏縫 鋪棉 表布 裏布

❸本體和襠作縫合

襠 表 襠和本體外表對好以疏縫縫合

❹以斜紋布條滾邊

寬 3cm 的斜紋布重疊作針縫 包住縫分作立針縫

❺縫製穿入棒子部分

折 (裏)

a 折返至表面 本體裏布側

b 穿入棒子部分的布另一側 1 片和本體裏布側作縫合 折

本體表布側 折入縫分 折 對折

布 50cm 長編辮子結後穿入棒子的洞

21.5

16.5

材料

本體／純棉布一淺粉紅色
108cm×95cm、米色、古印花布一淺
紫色各1片。鋪棉 40cm×90cm。木
架子一口寬橫 28cm×高 20cm×寬
2cm〈現成品〉。

成品尺寸

高 20cm×橫 28cm×寬 22cm

作法

● 由於使用現成品的木架，為了配合
架子的尺寸來決定袋子的尺寸。
● 製作拼布。2片三角布及4片布的
縫合時，由交點中心側縫起，4片
縫合好後將縫分作風車狀的倒向。
● 於三角的米色布和印花布的四角部
分作壓線縫。

● 本體和襠中表對好，留下折返口其
他部分縫合，由折返口折返至表
面，以立針縫折返口。
● 本體和襠的單側作縫合，襠側的縫
合位置 1cm作重疊，重疊的縫分兩
側作縫合。
● 本體布放入木架內，參照圖的要領
將本體上側包住木架上端的第二支
橫棒作立針縫縫合。

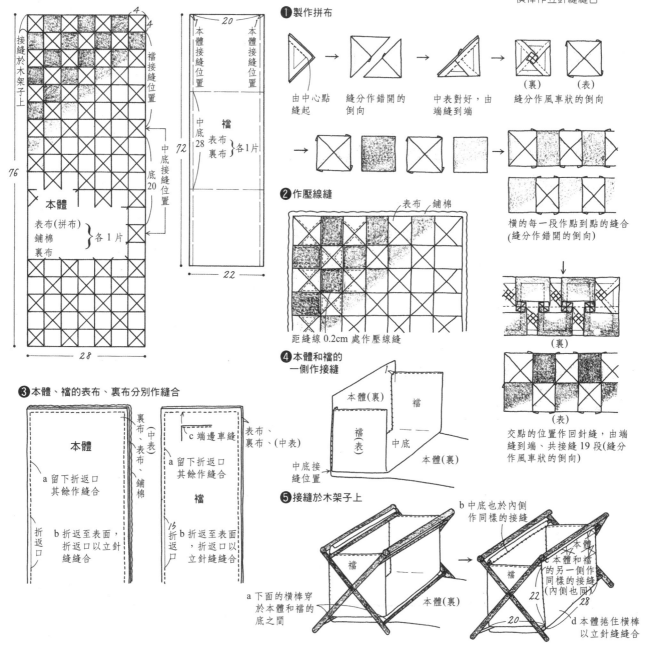

① 製作拼布

由中心點　縫分作錯開的　中表對好，由　縫分作風車狀的倒向
縫起　　　倒向　　　　　端縫到端　　　　（裏）（表）

橫的每一段作點到點的縫合
(縫分作錯開的倒向)

（裏）

（表）

交點的位置作回針縫，由端
縫到端、共接縫 19 段(縫分
作風車狀的倒向)

② 作壓線縫

表布　鋪棉

距縫線 0.2cm 處作壓線縫

④ 本體和襠的
一側作接縫

本體（裏）　襠

襠（表）　中底

中底接　　　本體（裏）
縫位置

⑤ 接縫於木架子上

b 中底也於內側
作同樣的接縫

襠　　本體

a 下面的橫棒穿
於本體和襠的
底之間

本體（裏）

c 本體和襠
的另一側作
同樣的接縫
(內側也同)

22　　　28

20

d 本體捲住橫棒
以立針縫縫合

③ 本體、襠的表布、裏布分別作縫合

本體

裏布、（中表）、表布、鋪棉

a 留下折返口
其餘作縫合

折返口

b 折返至表面，
折返口以立針
縫縫合

襠

表布、裏布、（中表）

c 端邊車縫

a 留下折返口
其餘作縫合

15
折
返
口

b 折返至表面，
折返口以
立針縫縫合

4

接縫於木架子上

襠接縫位置

中底接縫位置

本體接縫位置

中底
28

襠

表布
裏布　各1片

22

20

本
體
接
縫
位
置

20

76

底
20

72

28

本體

表布(拼布)
鋪棉　各1片
裏布

出版日期：初版／1999年11月　　八刷／2008年1月